U0181996

软物质前沿科学丛书编委会

"十三五"国家重点出版物出版规划项目

软物质前沿科学丛书

软物质体系的熵调控
Entropy-Control Strategy of Soft Matter Systems

燕立唐 著

科 学 出 版 社
龙 门 书 局
北 京

内 容 简 介

本书是一本关于软物质体系内熵效应及其调控的专著,主要内容兼顾作者在该领域取得的结果以及国内外该方面的一系列重要进展。全书共 9 章,深入剖析了熵致有序的物理内涵,阐释了熵力的独特性和共同特征,提出了强熵效应的概念,给出了熵调控的基本原理和详细调控路径,同时也分析了胶体体系、大分子体系、生命体系以及非平衡体系中一些较为典型的熵效应。在材料选取上,力求保留物理的丰富内涵和数学的简洁优美,同时最大限度地满足内容的可读性。

本书可供从事与软物质科学相关的众多领域(例如化学、材料、软凝聚态物理和统计物理)的研究工作者、大学教师、大学高年级学生和研究生阅读,特别是对从事交叉领域的有关研究人员也有一定的参考价值。

图书在版编目(CIP)数据

软物质体系的熵调控/燕立唐著. —北京:龙门书局,2021.5
(软物质前沿科学丛书)

"十三五"国家重点出版物出版规划项目 国家出版基金项目
ISBN 978-7-5088-5980-4

Ⅰ. ①软… Ⅱ. ①燕… Ⅲ. ①熵-研究 Ⅳ. ①O414.1

中国版本图书馆 CIP 数据核字(2021)第 058872 号

责任编辑:钱 俊 孔晓慧 /责任校对:王晓茜
责任印制:赵 博 /封面设计:无极书装

科学出版社 出版
龙门书局
北京东黄城根北街 16 号
邮政编码:100717
http://www.sciencep.com
北京中科印刷有限公司印刷
科学出版社发行 各地新华书店经销
*
2021 年 5 月第 一 版 开本:720×1000 1/16
2024 年 4 月第二次印刷 印张:10 3/4
字数:210 000
定价:98.00 元
(如有印装质量问题,我社负责调换)

丛 书 序

社会文明的进步、历史的断代，通常以人类掌握的技术工具材料来刻画，如远古的石器时代、商周的青铜器时代、在冶炼青铜的基础上逐渐掌握了冶炼铁的技术之后的铁器时代，这些时代的名称反映了人类最初学会使用的主要是硬物质。同样，20 世纪的物理学家一开始也是致力于研究硬物质，像金属、半导体以及陶瓷，掌握这些材料使大规模集成电路技术成为可能，并开创了信息时代。进入 21 世纪，人们自然要问，什么材料代表当今时代的特征？什么是物理学最有发展前途的新研究领域？

1991 年，诺贝尔物理学奖得主德热纳最先给出回答：这个领域就是其得奖演讲的题目——"软物质"。按《欧洲物理杂志》B 分册的划分，它也被称为软凝聚态物质，所辖学科依次为液晶、聚合物、双亲分子、生物膜、胶体、黏胶及颗粒物质等。

2004 年，以 1977 年诺贝尔物理学奖得主、固体物理学家 P.W. 安德森为首的 80 余位著名物理学家曾以 "关联物质新领域" 为题召开研讨会，将凝聚态物理分为硬物质物理与软物质物理，认为软物质 (包括生物体系) 面临新的问题和挑战，需要发展新的物理学。

2005 年，Science 提出了 125 个世界性科学前沿问题，其中 13 个直接与软物质交叉学科有关。"自组织的发展程度" 更是被列为前 25 个最重要的世界性课题中的第 18 位，"玻璃化转变和玻璃的本质" 也被认为是最具有挑战性的基础物理问题以及当今凝聚态物理的一个重大研究前沿。

进入新世纪，软物质在国际上受到高度重视，如 2015 年，爱丁堡大学软物质领域学者 Michael Cates 教授被选为剑桥大学卢卡斯讲座教授。大家知道，这个讲座是时代研究热门领域的方向标，牛顿、霍金都任过卢卡斯讲座教授这一最为著名的讲座教授职位。发达国家多数大学的物理系和研究机构已纷纷建立软物质物理的研究方向。

虽然在软物质研究的早期历史上，享誉世界的大科学家如诺贝尔奖获得者爱因斯坦、朗缪尔、弗洛里等都做出过开创性贡献。但软物质物理学发展更为迅猛还是自德热纳 1991 年正式命名 "软物质" 以来，软物质物理学不仅大大拓展了物理学的研究对象，还对物理学基础研究尤其是与非平衡现象 (如生命现象) 密切相关的物理学提出了重大挑战。软物质泛指处于固体和理想流体之间的复杂的凝聚态物质，主要共同点是其基本单元之间的相互作用比较弱 (约为室温热能量级)，因而易受温度影响，熵效应显著，且易形成有序结构。因此具有显著热波动、多个亚稳状态、介观尺度自组装结构、熵驱动的有序无序相变、宏观的灵活性等特征。简单地说，这些体系都体现了 "小刺激，大反应" 和强非线性的特性。这些特性并非仅仅由纳观组织或原子、分子水平的结构决定，更多是由介观多级自组装结构决定。处于这种状态的常见物质体系包括胶体、液晶、高分子及超分子、泡沫、乳液、凝胶、颗粒物质、玻璃、生物体系等。软物质不仅广泛存在于自然界，而且由于其丰富、奇特的物理学性质，在人类的生活和生产活动中也得到广泛应用，常见的有液晶、柔性电子、塑料、橡胶、颜料、墨水、牙膏、清洁剂、护肤品、食品添加剂等。由于其巨大的实用性以及迷人的物理性质，软物质自 19 世纪中后期进入科学家视野以来，就不断吸引着来自物理、化学、力学、生物学、材料科学、医学、数学等不同学科领域的大批研究者。近二十年来更是快速发展成为一个高度交叉的庞大的研究方向，在基础科学和实际应用方面都有重大意义。

为了推动我国软物质研究，为国民经济作出应有贡献，在国家自然科学基金委员会–中国科学院学科发展战略研究合作项目 "软凝聚态物理学的若干前沿问题" (2013.7—2015.6) 资助下，本丛书主编组织了我国高校与研究院所上百位分布在数学、物理、化学、生命科学、力学等领域的长期从事软物质研究的科技工作者，参与本项目的研究工作。在充分调研的基础上，通过多次召开软物质科研论坛与研讨会，完成了一份 80 万字的研究报告，全面系统地展现了软凝聚态物理学的发展历史、国内外研究现状，凝练出该交叉学科的重要研究方向，为我国科技管理部门部署软物质物理研究提供了一份既翔实又具前瞻性的路线图。

作为战略报告的推广成果，参加该项目的部分专家在《物理学报》出版了软凝聚态物理学术专辑，共计 30 篇综述。同时，该项目还受到科学出版社关注，双方达成了 "软物质前沿科学丛书" 的出版计划。这将是国内第一套系统总结该领域理论、实验和方法的专业丛书，对从事相关领域研究的人员将起到重要参考作用。因此，我们与科学出版社商讨了合作事项，成立了丛书编委会，并对丛书做了初步规划。编委会邀请了 30 多位不同背景的软物质领域的国内外专家共同完成这一系列专著。这套丛书将为读者提供软物质研究从基础到前沿的各个领域的最新进展，涵盖软物质研究的主要方面，包括理论建模、先进的探测和加工技术等。

由于我们对于软物质这一发展中的交叉科学的了解不很全面，不可能做到计划的 "一劳永逸"，而且缺乏组织出版一个进行时学科的丛书的实践经验，为此，我们要特别感谢科学出版社钱俊编辑，他跟踪了我们咨询项目启动到完成的全过程，并参与本丛书的策划。

我们欢迎更多相关同行撰写著作加入本丛书，为推动软物质科学在国内的发展做出贡献。

主　编　　欧阳钟灿

执行主编　　刘向阳

2017 年 8 月

前　　言

爱因斯坦说过，"熵理论，对于整个科学来说是第一法则。"在软物质体系中，基元间的相互作用以范德瓦耳斯力、氢键和亲疏水作用这样的所谓"弱键"为主，其作用强度集中在几个 $k_B T$，与体系中的随机布朗力相当。在这样的弱焓作用背景下，熵效应显得尤为突出，整个体系相应地可能展现出更多的微观状态数，宏观上的体现便是其易变性 (flexibility)。可见，软物质体系"弱刺激、强响应"主要源于熵变。然而，熵是统计意义上的概念，"隐藏"得比较深，远不像焓作用那么直观，甚至经常导致反直觉现象的出现，因而常常被忽视，致使一些现象显得匪夷所思，无法给出准确的物理解释。探寻软物质体系中的熵效应，对于深入阐释此类体系纷繁复杂现象背后物理机制的重要性来说是不言而喻的，且已成为化学、材料与软凝聚态物理等多学科相交叉的重要前沿研究领域。

能否从中总结出相应的规律，进而在理解熵效应的基础上来有效地调控熵，并进一步发展出基于熵效应的软物质体系多层级结构调控策略呢？这是我们长期以来一直在思考的问题。事实上，在软物质本身的复杂性 (complexity) 促使人们不断地去探索其形成过程中结构的变化和新有序结构产生的内在机制的同时，如何调控软物质结构和性能业已成为此类材料制备和生产中举足轻重的关键问题。然而，传统的对软物质结构组织的研究多集中于揭示基元间上述弱键相互作用的本质和协同规律，并在此基础上实现对结构形成和演变过程的控制，也即所谓的"焓调控"。尽管熵效应在软物质体系中如此重要，但仍缺乏基于熵效应的系统且有效的调控策略。

发展熵调控这一调控策略有助于解释一些软物质体系实验中所观察到的复杂或独特现象，进而阐释其结构形成的物理机制；有助于利用熵效应来设计和发展一些新型的功能体系和材料；也有助于丰富和完善统计力学和凝聚态物理学的基本理论框架，因为熵本身即处于统计力学的核心位置。另一方面，作者近年来主要从事高分子物理理论相关的研究工作。诚然，高分子物理是软物质物理或者软凝聚态物理科学的重要组成部分。但我们时常在想，作为一个核心的成员，高分子物理对现代软凝聚态物理的贡献到底体现在哪里？与熵相关的物理理论大概是其中最为重要的贡献之一。因为，高分子链的构象熵自从 20 世纪中叶对橡胶弹性物理机制的深入阐释以来，就是解释熵力和熵效应中经常用到的经典范例。从合成高分子到生物大分子和天然高分子，乃至活化剂、磷脂分子和链状胶体体系等，如果存在链状的分子构筑，就不可避免地受到构象熵的影响，高分子物理学中的构象理论便可适用其中。因此，探寻熵效应规律和发展熵调控策略对于发展和完善软凝聚态物理理论框架以及巩固高分子凝聚态物理在现代软凝聚态物理中的核心位置来说有着极为重要的意义。

　　作者从十余年前在美国匹兹堡大学 Anna Balazs 教授课题组从事聚合物纳米复合体系的理论模拟研究工作期间便开始有关熵效应的初步研究。2011 年回到清华大学成立独立研究组后，主要围绕软物质体系熵效应的一些基本规律和作用机理开展了更为深入的研究工作。十年间，先后有多名研究生以熵效应及其调控作为其学位论文的选题方向，所涉及的领域则涵盖了高分子、胶体、生物膜与生物大分子等。以这些工作为基础，同时兼顾总结国内外一系列有关该方面的重要进展，本书尝试深入剖析熵致有序的物理内涵，阐释熵力的独特性和共同特征，提出了强熵效应的概念，给出了熵调控的基本原理和详细调控路径，同时也分析了胶体体系、大分子体系、生命体系以及非平衡体系中一些较为典型的熵效应。在材料选取上，力求保留物理的丰富内涵和数学的简洁优美，同时最大限度地满足内容的可读性，以方便从事不同领域和不同方向的读者充分地理解相关的内容。

　　本书内容共 9 章。第 1 章主要介绍了熵的概念提出和发展历程及其主要形式，同时阐述了软物质体系弱刺激、强响应的特点与熵之间的内在关联。第 2 章从经典的物理体系入手，说明熵增仅是体系状态数的增加，不能简单地等价于无序，并在此基础上，进一步阐述了熵致有序的基本原理。第 3 章着重阐释了熵力的概念定义、主要特征，分析了不同类型的熵力之间的密切关系。第 4 章提出了强熵效应的概念并阐述了其具体含义，同时通过列举典型体系和现象详细说明强熵效应的重要性质。第 5 章则具体阐述了基于熵效应的软物质体系结构与性能调控策略及调控途径。第 6 章介绍了熵策略在胶体体系中的应用，涉及自组装和堆积的区别、熵键与熵晶体，以及排空效应等。第 7 章介绍了大分子体系内的构象熵效应，阐述了构象熵在大分子体系的相变、界面、扩散和动静态力学行为中扮演的重要角色。第 8 章主要阐述了生命体系中典型的熵效应，涵盖蛋白质组织功能、蛋白质折叠以及极端条件下熵对生命体系产生的影响等。第 9 章则简明扼要地介绍了软物质体系处于非平衡态时的熵效应，包括信息熵、最小熵产生原理和耗散结构等。本书部分内容也总结于作者近期为《高分子学报》杂志撰写的特约专论。

　　希望以上 9 章内容能够使读者对软物质中熵效应的基本规律和物理原理有比较深入的把握，甚至能够以熵为途径和"工具"来实现对体系的有效调控，进而发展新型功能体系。实际上，作者原本计划多写一章与总结和展望有关的内容，但是思前想后，还是觉得待这个领域有更多的进展后再来总结会更适当一些。若非得谈论一下将来的挑战和问题，个人认为可能需要在如下三方面扎实地多做一些工作：发展针对软物质新兴领域的新的熵形式及其调控途径；深入探寻生命体系里的熵效应；夯实熵调控的理论基础。希冀本书对该领域的进一步发展有些许参考价值。

　　写作本书的最初想法源于 2019 年 6 月我去中科院理论物理研究所的一次学术报告，当时有幸得到欧阳钟灿院士的邀请，先生更是出于对年轻学人的关心和提携，鼓励我以报告的题目写作本书，并作为"软物质前沿科学丛书"中的一册出版。在书稿的准备过程中，杨玉良院士、吴奇院士阅读了书稿并给了很好的指导，王延颐教授、胡文兵教授、倪冉教授、张兴华教授以及戴晓彬、朱国龙、徐子阳和陈鹏宇等老师和同学提供了多方面的帮助。科学出版社钱俊编辑在书稿撰写和修改过程中精益求精的工作也使本书大为增色。本书所涉及的工作得到国家自然科学基金委员会、科技部和清华大学等的资助。在此谨对上述支持与帮助者一并致谢，也特别感谢清华大学化工系的前辈和同事。

　　由于作者水平所限，书中不妥之处在所难免，敬请读者批评指正。

燕立唐

2020 年 10 月于北京清华园

目　　录

第 1 章　熵与软物质

本章主要介绍熵的概念提出和发展历程，以及熵的主要形式；阐述软物质体系弱刺激、强响应的特点与熵之间的内在关联。

1.1　热力学第二定律和熵概念的提出

18 世纪，由于蒸汽机的发明，工业革命在欧洲逐步兴起。然而，最初人们虽知道怎样制造和使用蒸汽机，但对蒸汽机的理论却了解不够。当时的热机工程界对如下两个问题进行着热烈的讨论：① 热机效率是否有一极限？② 什么样的热机工作物质是最理想的？在对热机效率缺乏理论认识的情况下，工程师只能就事论事，从热机的适用性、安全性和燃料的经济性几个方面来改进热机。年轻的法国军事工程师卡诺 (S. Carnot) 仔细地考虑并解决了热机的这两个核心问题，在其于 1824 年出版的著作《论火的动力》中提出了著名的关于热机效率的卡诺循环与卡诺定理 (图 1.1)。

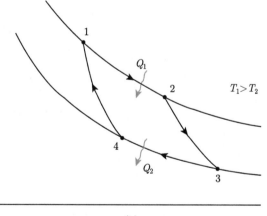

(a)　　　　　　　　　　　　　(b)

图 1.1　卡诺 (1796~1832) 与卡诺循环

首先，卡诺分析了蒸汽机的基本结构和工作过程，抛开了各种次要过程，采用科学抽象法，把各种具体蒸汽机归纳理想化为在两个恒温的高、低热源之间工作的理想热机——卡诺热机，它的工作过程由等温膨胀、绝热膨胀、等温压缩和绝热压缩四个无摩擦的准静态过程组成。这就是著名的卡诺循环 (图 1.1)。显然，这是最简单的理想循环，由此得出的结论具有基本意义。其次，卡诺引进了过程的 "可逆性" 及 "不可逆性"，后者是热现象根本之所在。最后，卡诺认为热机工作所遵循的普遍规律必须基于热的基本理论：热质说和永动机的不可能 (即能量守恒原理或热力学第一定律)。卡诺同时对多种气体工作物质进行了研究，最终认为气体热机的效率 (η_t) 仅是高 (T_1)、低 (T_2) 温热源温度与温差的函数，与气体性质无关，即

$$\eta_t = 1 - \frac{T_2}{T_1} \tag{1.1}$$

卡诺以可逆性、永动机不可能、热质说三个假设为前提，提出了有关热机效率的核心论点：在同样两个热源之间工作的一切卡诺热机的效率相同；工作于两个给定温度之间的所有热机中，卡诺理想可逆热机的效率最高。这就是卡诺定理。该定理从原则上指出了提高热机效率的方向与限度，解决了热机的这两个根本性问题。

卡诺的著作出版后并未引起人们的重视，因此在当时没有产生应有的效果及影响。使物理学家首次知道这一理论的是巴黎桥梁道路学院的克拉珀龙 (E. Clapeyron)。克拉珀龙对卡诺的成果作了进一步的研究。1834 年，克拉珀龙在巴黎发表了题为《关于热的动力》的论文。在文中，克拉珀龙使用了瓦特曾经使用过的计示压强–容积图，他指出 P-V 图的曲线所包围的面积可以用来估计一个循环所做的功，克拉珀龙用图解法发表了卡诺的单循环过程。由于克拉珀龙的发展，卡诺的贡献所具有的意义才逐渐为人们所理解。

卡诺的研究不仅给热机的设计指明了方向，而且包含热力学的萌芽。他关于热机必须工作于两个热源之间的断言，实际已经包含了热力学第二定律的基本内容。关键的转折点是 1848~1850 年，英国物理学家开尔文 (L. Kelvin) 发表了一系列肯定与扩展卡诺工作结果的论文，有力地捍卫了卡诺的工作。开尔文在热力学方面有很深的研究，本来有可能第一个发现热力学第二定律，但是由于受到 "热质说" 的束缚，没能首先发现。1850 年，德国物理学家克劳修斯 (R. Clausius) [1] 指出卡诺的陈述是正确的，但卡诺证明中无热量损失 (热质不灭) 是错误的，需加以修正。他提出，在热的理论中，除了能量守恒定律以外，还必须补充另外一条基本定律："不能把热从低温物体传给高温物体，而不引起其他变化。" 迟后一年，开尔文又提出："不能从单一热源吸取热量，使之完全变为有用的功而不引起其他变化。" 克劳修斯表述指明了热量不能自发地从低温物体转移到高温物体。开尔文表述则表明了机械能与内能之间的转化过程中的方向性问题，内能不可能完全转化成机械能，因为在转化过程中一定会伴随热量的耗散问题。以上两种表述形成了热力学第二定律。因此卡诺可被视为热力学第二定律的始祖，但其真正的建

立者理所当然是克劳修斯和开尔文 (图 1.2)。

(a)   (b)

图 1.2 热力学第二定律的建立者：克劳修斯 (1822~1888) (a) 和开尔文 (1824~1907) (b)

热力学第二定律的实质是：在一切与热有联系的现象中，自发实现的过程都是不可逆的。正是各种不可逆过程的内在联系，使得热力学第二定律的应用远远超出热功转换的范围，成为整个自然科学中的一条基本规律。热力学第二定律的地位如此重要，但克劳修斯和开尔文等人对热力学第二定律的表述都只是定性描述，不能定量说明过程发生的可能性及实际发生过程的不可逆程度，这与物理学是定量科学似乎不太相称。于是，1865 年，克劳修斯在论文《关于机械热理论主要方程的各种应用的简便形式》中首先提出了熵的概念 [1]。克劳修斯将一个系统从一个平衡态经历了一个无限小的准静态过程变化到另一个平衡态，系统在两个平衡态之间的熵的增量 $\mathrm{d}S$ 定义为传递的热量 $\mathrm{d}Q$ 除以系统的热力学温度 T，即

$$\mathrm{d}S = \frac{\mathrm{d}Q}{T} \tag{1.2}$$

由此，熵 S 成为热力学系统的基本状态函数，热力学第二定律随之可改述为关于熵的数学不等式 $\mathrm{d}S \geqslant 0$。

克劳修斯把熵 S 予以英语名 "entropy" (希腊语：entropia；德语：entropie)，希腊语的原意为 "内向"，亦即 "一个系统不受外部干扰时往内部最稳定状态发展的特性"。1923 年 5 月 25 日，德国科学家普朗克 (M. Planck) 来中国讲学时用到 "entropy" 这个词，著名物理学家胡刚复教授翻译时灵机一动，根据热温商 (式 (1.2)) 之意首次把 "商" 加火字旁来意译 "entropy" 这个词，创造了 "熵" 字，颇为形象地表达了态函数 "entropy" 的物理概念 [2]。

1.2　熵的物理意义及主要形式

式 (1.2) 给出了熵变的计算方法，却不是熵的定义，因此要理解熵的物理意义只能通过其在不同场合使用时所表达的含义去体会。19 世纪，在克劳修斯提出熵 (热力学熵或克劳修斯熵) 后，科学家们为此进行了大量的研究。1877 年，奥地利物理学家玻尔兹曼 (L. Boltzmann) 根据统计力学提出熵与孤立系统微观状态的数目 W 的关系，即 $S \propto \ln W$ [3]。后来，德国物理学家普朗克 (M. Planck) 把它进一步发展成了等式 [4]

$$S = k_{\mathrm{B}} \ln W \tag{1.3}$$

式中 k_{B} 为玻尔兹曼常量。这个不朽的公式后来刻在了玻尔兹曼的墓碑上 (图 1.3)。

图 1.3　维也纳中央公墓玻尔兹曼墓碑上的公式

由于微观状态的数目 W 是分子热运动无序性的一种量度，因此玻尔兹曼上述熵的定义给出了热力学熵的一种微观解释。从量纲上看，式 (1.2) 和式 (1.3) 是一致的，因为热力学熵的单位是 J/K，而玻尔兹曼常量的单位也是 J/K。根据熵的统计力学定义，W 越大，S 也越大，那么熵自然也是系统内分子热运动无序性的量度。即熵是量度系统混乱度的状态函数，且系统的混乱度可用一定宏观状态对应的微观状态总数 W 来表征。系统的微观状态数越多，热力学概率就越大，系统越混乱，熵就越大，这就是熵的本质。因此，热力学过程不可逆性的微观本质和统计意义就是系统从有序趋于无序，从概率较小的状态趋于概率较大的状态。

热力学第二定律中功变热的不可逆性以及物体间温度不同引起的热传导的不可逆性的本质与此一致。以热量从高温传到低温为例，存在温度差意味着能量相对集中，这才有可能得到有用功；温度均衡了，能量的总值虽然没有变，但是单一热源做不出有用功，意味着能量的分散和贬值。随着熵的增加，系统的能量有更多的部分不能再利用了。所以熵这个概念表示封闭系统内能量的 "退化" 和

"贬值"，表示这种内部能量不能转化为其他能量形态的程度，或者说是有用能的"耗散"。

当热力学系统从一平衡态经绝热过程达到另一平衡态时，它的熵永不减少。如果过程可逆，则熵不变；如果过程不可逆，则熵增加。这就是被英国科学家爱丁顿 (A. S. Eddington) 称为"在自然定律中占有至高无上地位"的熵增加原理。那么，一切自发的宏观过程总是从熵小的状态向熵大的状态发展，即沿着分子热运动的混乱度增大的方向进行，这就是热力学第二定律的微观意义。熵增加原理说明熵将随着时间而增大，熵随时间具有不可逆性或单向性，即熵乃时间之矢。

可见，熵是描述热力学系统的重要状态函数之一，熵的大小反映系统所处状态的稳定情况，熵的变化指明热力学过程进行的方向，熵为热力学第二定律提供了定量表述。熵第一次，在今天仍然是唯一地表达了"变化"和时间方向的普适性特征，它第一次从全域角度阐述了变化方向的含义，并将时间表达为"变化"的内部性质 [5]。

值得一提的是，在玻尔兹曼提出热力学熵的微观统计热力学表达后约 25 年，美国科学家吉布斯 (J. W. Gibbs) 于 1902 年创立了统计力学 [6]，同时使用规范系集发展了统计力学熵的另外一种表达形式，这个系集被相空间内状态的概率分布函数所定义，即

$$S_{\mathrm{G}} = -k_{\mathrm{B}} \sum_{i=1}^{n} p_i \ln p_i \tag{1.4}$$

这里 p_i 为处于第 i 种状态的概率，S_{G} 被称为吉布斯熵。

玻尔兹曼的熵公式是物理学史上最伟大的构造之一，是连接经验热力学同其理性基础统计力学之间的桥梁。但是，玻尔兹曼对熵本质的微观解释只能是对克劳修斯熵的一种解释，不能视为对熵本质理解的终结，热力学理论的普遍性决定了熵概念广而推之的可能性，这就是熵的泛化。与熵的微观解释的不确定性相联系，泛化了的熵一般都被用作某种系统秩序性或不确定性程度的量度，如信息熵、测度熵、拓扑熵等。归根结底，这些熵的共同之处是度量了系统间的复杂性程度。这一类被认作是度量不确定性的熵，皆来源于信息熵的引入。

信息熵也称香农熵，它虽承袭了玻尔兹曼熵的思想，却融入了更多的创造和想象，在全新的角度上对熵概念做了定义。1948 年，美国数学家、信息论的创始人香农 (C. E. Shannon) (图 1.4) 首先系统地提出信息的度量方法 [7]。他深受玻尔兹曼研究方法的影响，利用概率统计方法，把熵作为一个随机事件的不确定性或信息量的度量，从而奠定了信息熵在现代信息理论中的核心位置。香农引入了函数

$$H(X) = H(p_1, p_2, \cdots, p_n) = -k \sum_{i=1}^{n} p_i \ln p_i \tag{1.5}$$

这里 p_i 是随机事件出现的概率，$k \geqslant 0$ 为常数。该函数作为随机事件集 X 先验地含有的不确定性，H 即为信息熵，它是由概率分布函数表示的不确定性大小的度量。当信息获得后，事件的不确定性降低，导致熵的减少。就是说，信息可以转换为负熵，反之亦然——这就是信息的负熵原理。如果将 X 解释成 N 个测度的集合，p_i 为系统处于第 i 个微观状态的概率，则香农熵与统计力学熵 (吉布斯熵) 是相同的。另外，香农当时征求了著名数学家、数字计算机结构的发明者冯 · 诺依曼 (J. von Neumann) 的意见，冯 · 诺依曼建议采用信息熵这一名词，理由是熵函数在统计力学中早已有之，可见信息熵中的 "熵" 是从物理学中借用过来的，但这不能否定信息熵的提出是继统计力学熵的建立后对熵概念本质理解的又一次飞跃。

图 1.4 信息熵的提出者：香农 (1916~2001)

1.3 软物质体系简介

"软物质" 是自然界、生命体系、日常生活和工业技术中广泛存在的物质体系。顾名思义，软物质是一类柔软的物质，区别于通常所见的金属、陶瓷、晶体等 "硬物质"，包括聚合物、液晶、表面活性剂、胶体、颗粒物质等，生命体系的组成单元基本都是软物质 (图 1.5)。将这类物质概括为 "软物质"，认识到这是一类具有特殊运动规律的物质形态，应归功于法国著名科学家德热纳 (P. G. de Gennes) [8]。他在 1991 年诺贝尔物理学奖的颁奖典礼上发表了以 "软物质" 为题的演讲，首次用 "软物质" 一词概括了此类物质，包括了当时美国学者惯常称呼的 "复杂流体"，从此推动了一门跨越物理、化学和生物三大学科的重要交叉学科的发展。

软物质的第一个重要特征是所谓的 "弱刺激、强响应"，即在外界 (包括温度和外力等) 微小的作用下，会产生显著的宏观效果。例如，与固体硬物质相比，其形状容易发生变化: 一方面容易受温度的影响, 熵作用特别重要, 而熵是刻画系统有序程度的物理量, 因而软物质相有序程度的改变特别明显; 另一方面容易受外力的影响, 其结构或聚集体在外力作用下往往会发生明显的变化, 从而有可能导致材料性质发生根本的变化。实际上, 这种弱刺激、强响应的现象在日常生活中非常普遍, 如在墨汁中加一点阿拉伯胶就能使它的稳定时间大大延长, 一点卤水就能使豆浆变成豆腐, 几滴洗洁精会产生一大堆泡沫, 一颗纽扣电池可以驱动液晶手表工作几年, 等等。软物质的这种特征表明其内部独特的相互作用形式, 即以非共价键的弱相互作用为主, 而不是共价键等强相互作用。非共价键的吸引力较弱, 因此很小的力就可以将它打断。非共价键类型的弱相互作用主要包括离子键、氢键、疏水相互作用和范德瓦耳斯力, 一般量级在 $1\sim5$kcal/mol (1kcal/mol $= 4.418$kJ/mol $= 1.805 k_B T$), 与热涨落的能量单位 $k_B T$ 同一个量级。这种情况下, 决定软物质结构的因素将会变得更复杂, 仅有相互作用还不能决定物质结构的最后状态, 与熵相关的效应将不可忽视, 甚至主导结构的形成和转变过程。

聚合物   表面活性剂   胶体

生物系统

液晶

膜   软胶

图 1.5 一些典型的软物质体系

软物质的第二个重要特征是拥有介于完全无序的简单流体与完全有序的结晶固体之间的结构组织。这可以在生物体、细胞、液晶、聚合物、胶体和颗粒体系中找到大量的例子。一般气体分子之间随机碰撞, 相互之间没有相关性, 液体分子之间只存在短程相关性, 因而微观结构是无序的; 只有晶格结构的固体才有长程有序结构。软物质虽有流体的特征, 却能拥有晶体的结构: 从宏观尺度看没有像晶体结构那样有周期性, 从原子和分子尺度看也是完全无序的, 但在介观尺度下却存在规则的结构。软物质表现出与固态和液态不同的特性缘于介观尺度下这种有序结构的出现: 一方面决定流体的热涨落和动力学相互作用支配着系统的行为; 另一方面介观尺度下受约束结构显示出类似固体的行为。其共同的作用支配和操纵了软物质独特的性质。液晶就是介于各向同性的液体和各向异性的晶体之间的最好的例子。通常固态物质加热到熔点就会转变为液态，但是液晶当温度升高到熔点后并不马上转变为液态而是处于一种过渡状态，表现出一种介于固态与液态之间的性质，既有双折射这样的固体特性，又有流动性这样的液体性质。

软物质的第三个重要特征是其力学响应特性对形变速率的依赖关系。因为软物质材料的结构兼有液体和固体的性质，它们的流动或者流变性能也如此。在低形变速率下，大多数软性材料展现黏性行为，而在高形变速率下，展现弹性行为。"橡皮泥" 就是很好的例子，这是一种有机硅的胶状聚合物，能像液体一样流出器皿。但如果它形成球，落在地板上，便会反弹，即具有弹性材料的特性。这种黏弹性行为是软物质微观结构与宏观性能之间强烈、敏感的非线性关联的重要体现。实际上，随着微观结构的变化，软物质体系还会表现出更加复杂的力学响应性。例如，搅和黏土、牛奶和血液会出现剪切致稀的现象；而浓糖液和勾芡汁呈现的是剪切致稠，也就是搅得越快会越稠。番茄汁、蜂蜜、油漆和石膏等震凝性软物质的黏度会随搅动时间增长而变大，而润滑油等触变性物质的黏度则随时间增长而变小。

软物质组成复杂，组成单元可跨越很大尺度 (从微观、介观到宏观)，形态多样，组成单元的相互作用弱，涨落支配其运动，而且常常处于非平衡态，属于慢动力学体系。图 1.6 给出一些典型软物质的空间与时间尺度。在介观尺度范围内，通过相互作用可形成从简单的时空有序到复杂生命体的一系列结构体和动力学系统。软物质对外界微小作用的敏感性、非线性响应、自组装行为等基本特性是硬物质所无可比拟的，呈现丰富的物理内涵 [9,10]。

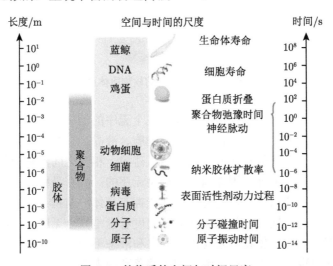

图 1.6　软物质的空间与时间尺度

软物质中普遍存在自组装是与硬物质不同的重要特征。自然界物质形成，特别是生命的形成和发展以及某些材料的制备，常常通过自组装来实现。根据热力学理论，体系的组织状态由自由能 $F = U - TS$ 决定，其中 U，T 和 S 分别是内能、温度和熵。内能的变化与物质所受外力相关，硬物质受力改变的主要是其内能。对于软物质而言，受到很小的外力，体系即能产生很大的变化，内能在小的外力作用下不可能大，那么在一定温度下体系的熵必定发生较大变化。也就是说，在软物质中，体系的变化主要是由熵引起的，或者说熵占据了主导地位。软物质可称作是由熵驱动的物质，熵力在软物质的自组装中往往扮演极为重要的角色。利用这些性质，我们可以制造许多有特殊性质的软材料，它们是硬材料难以取代的。由于软物质本身的特点，软物质形貌的可控制性和新材料的可设计性将使材料科学工作者不断地去研究、开发和实现新功能材料，同时需要物理和化学工作者不断地去探索新材料形成过程中形貌的变化和新有序结构产生的内在机制。因此，研究软物质自组装过程中复杂相互作用的竞争，特别是熵力的驱动对自组装有序结构的形成具有重要的学术和实际意义，将有助于我们理解软物质在不同尺度下的形貌生成、结构稳定性和非平衡动力学演化与生长速度控制等机理。这些研究对于硬物质材料 (如半导体、磁性材料) 的结构制备也非常有用 [9]。

1.4 软物质体系中的熵效应举例

多自由度的体系有相对较大的相空间维度和体积，状态数比较大，相应地就有较大的熵。与简单液体相比，软物质体系除了简单液体所具有的平移自由度以外，至少还有一个或更多的其他自由度。例如，对于柔韧的聚合物和本征无序蛋白质分子，会出现附加的构象自由度；而对于液晶，则存在附加的取向自由度。这使得在室温条件下，体系的熵就可以起到重要甚至决定性的作用，因而有可能产生所谓的熵驱动现象。软物质体系弱刺激、强响应等特征的实质是熵驱动的某个侧面表现形式。然而熵效应与其他相互作用竞争往往使得软物质结构研究变得非常复杂，甚至出现许多与直觉相反的现象，即所谓的反直觉现象。因此，探寻熵效应在软物质体系多层次结构形成与转变过程中的重要作用，揭示其对应的物理本质，成为近年来软物质科学研究的重要前沿领域 [11-14]。这里我们以聚合物构象熵介导纳米粒子自组装，振动和旋转熵稳定的胶体自组装，以及生命体系里典型的熵驱动生物物理现象为例，简要介绍该领域的研究进展。

1.4.1 聚合物构象熵介导纳米粒子自组装

构象熵是诸如聚合物、多肽和蛋白质等具有链状拓扑的大分子最为主要的熵类型 [15,16]。此类链状分子由于分子内单键内旋转等原因产生的分子在空间的不同形态称为构象。由于热运动，分子的构象在时刻改变着，因此长链分子的构象状态非常多，有明显的统计意义，导致可观的构象熵。事实上，分子链构象行为是聚合物几乎所有物理性能的分子基础，因此链构象是聚合物物理的核心概念，对构象性能和构象熵的研究在大分子科学中处于举足轻重的地位。为了表述构象熵在聚合物中的重要作用，这里先以熵弹簧为例来说明 [17]。硬物质弹簧的弹性由原子相互作用的内能所决定；而属于软物质的橡胶，其弹性是由熵引起的。若橡胶的聚合物分子的聚合度为 N，对应的库恩链段长度为 b，拉长一个自由结合的链状分子使两个链末端间距离为 R (图 1.7(a))，用无规行走的方法计算可得熵 S 的变化为

$$\Delta S = -\frac{3k_{\mathrm{B}}R^2}{2Nb^2} \tag{1.6}$$

相应自由能变化为

$$\Delta F = -T\Delta S = \frac{3}{2}k_{\mathrm{B}}T\frac{R^2}{Nb^2} \tag{1.7}$$

则弹簧张力的方程为

$$f = \frac{\mathrm{d}F}{\mathrm{d}R} = \frac{3k_{\mathrm{B}}T}{Nb^2}R \tag{1.8}$$

这就是说，拉伸的聚合物分子可容许微观状态数减少，对应于低熵状态；而卷曲的聚合物分子可容许微观状态数较多，熵增加，使得自由能减小。与硬物质的弹性相比，不仅起源不同，性质也明显不同。在熵弹簧中，力正比于温度，温度越高，弹簧强度越大，外力导致有序，温度导致无序；而对于普通弹簧，力反比于温度，温度越高，弹性越弱。

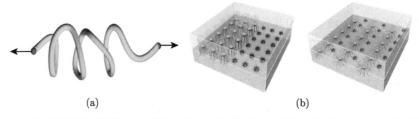

(a)　　　　　　　　　　　　　　　(b)

图 1.7　链状分子的构象转变：(a) 聚合物单链在拉伸条件下的构象转变；(b) 长、短链聚合物接枝纳米粒子在压力作用下的构象转变 [18]

　　长链分子的这种构象熵效应在聚合物体系的多层次结构形成与演变过程中发挥着极为重要的作用，其中一个典型的例子就是聚合物链构象熵介导的纳米粒子自组装。借助构象熵效应，可以实现对聚合物接枝纳米粒子空间分布的定向甚至动态调控。例如，如图 1.7(b) 所示，在包含分别接枝长链和短链两种类型的 Janus 纳米粒子的油–水两相体系中，Janus 纳米粒子由于双亲性质，会处在相界面上 [18]。如果这两种类型的聚合物链不相容，焓效应便驱动其分离成各自对应的相区。若进一步对这个体系施加侧向压力，聚合物链会发生变形，特别是长链的聚合物变形更为严重，直至产生沿着垂直于界面方向的排列，导致其构象熵显著下降。

这时，短链接枝纳米粒子便会进入长链接枝纳米粒子的相区，以间隔长链纳米粒子进而提供空间使得较长的聚合物链的变形得以舒缓。虽然从焓效应看这个转变过程中能量是升高的，但是长的聚合物链会因之获得更大的构象熵，熵自由能因而会下降。如果积压程度足够大，熵效应对自由能的贡献会强过焓效应，从而驱动体系最终形成两种类型纳米粒子相互穿插的所谓完美混合 (perfect mixing) 结构。这一设想最终通过介尺度分子模拟得以验证，且模拟结果显示这个过程是可逆的，表明该体系可用于开发力学响应的新型有序界面纳米结构 (图 1.8(a))。

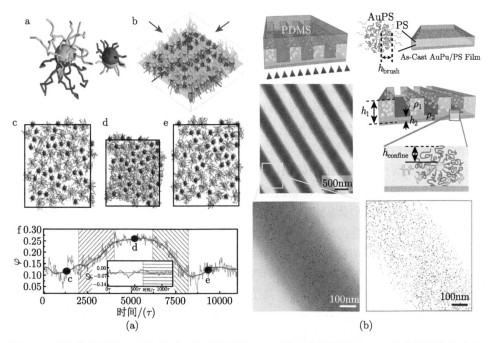

图 1.8 构象熵驱动聚合物接枝纳米粒子自组装：(a) 长短链接枝的 Janus 纳米粒子力学响应性界面自组装 [18]；(b) 接枝纳米粒子的图案化受限自组装 [19]

上述例子表明，施加应力可以使聚合物变形以减小其构象熵，从而引发熵力驱动体系发生结构的有序转变。实际上空间受限也可以限制链构象状态的数目，从而达到相似的目的。例如，如图 1.8(b) 所示，如果将聚合物接枝纳米粒子放置于由深浅两种条纹所组成的图案化覆盖层下，纳米粒子便会富集到厚度较大的薄膜条纹中 [19]。原因是在薄的条纹中聚合物链的空间受限程度愈发强烈，从而导致更大的构象熵损耗。根据聚合物链的构象统计理论，由此引发的每个粒子上聚合物链的自由能升高为

$$\Delta F \approx k_{\mathrm{B}} T f \frac{h_{\mathrm{brush}}^2}{h_{\mathrm{confine}}^2} \tag{1.9}$$

这里 f 是每个纳米粒子上接枝链的数目，h_{brush} 是接枝链的高度，而 h_{confine} 是所在条纹的厚度。可见聚合物粒子更倾向于迁移到厚的薄膜条纹中以减少由于熵损耗 (entropy penalty) 所导致的自由能升高，最终演变成图案化的有序纳米粒子自组装结构。该过程可以通过调控接枝和本体聚合物的链长，条纹的厚度，以及图案的拓扑结构进一步优化，从而为制备纳米尺度下图案化有序聚合物基纳米复合薄膜提供了一条新途径。

1.4.2　振动熵和旋转熵稳定的胶体粒子自组装

振动熵和旋转熵是与排列在特定结构中的粒子因振动或者旋转模式而产生的状态数相关的熵。微观状态下胶体粒子会做热运动，产生具有统计意义的振动状态，振动熵的大小取决于其振动的自由程度。对于形状或表面各向异性的胶体粒子来说，除了振动外，在特定位置的取向改变还会产生旋转熵或取向熵。典型的诸如塑晶材料的微观结构就是由平移有序但取向无序的各向异性粒子组织而成。振动熵和旋转熵对于稳定非稠密堆积 (packing) 的胶体组装结构来说尤其重要。此类松散结构的振动和旋转自由度非常大，看似不稳定，但是所产生的较大的振动熵和旋转熵反而使体系自由能降低，增强了组装结构的稳定性。

对于均相硬球胶体来说，在临近密堆积时会形成六边形排列的有序晶体，此时每个粒子所拥有的自由体积相同，体系有最大的振动熵[20]。但是，如果将均相硬球的表面进行各向异性的化学修饰，形成所谓的"补丁"粒子 (patchy particle)[21]，其自组装生成的结晶结构会发生很大的变化。例如，实验研究表明，三嵌段补丁胶体粒子在非密堆积时的特定组分浓度范围内更倾向于形成松散的笼目状有序晶体结构 (参见图 1.9(a) 中 c 图)[22]。基于格子动力学的理论分析结果表明，此种松散的晶体格子能够稳定存在的原因在于补丁胶体粒子较高的振动熵和旋转熵[23]。如果形成的是六边形排列的晶体结构，粒子之间补丁的接触面积会更大，补丁间很强的吸引力限制了粒子的振动和旋转，产生的振动熵和旋转熵会非常小，熵自由能就会偏高。但是在非密堆积的情况下，通过形成较为松散的笼目状结构，粒子的振动和旋转自由度被释放出来，导致更大的熵收益，最终总的自由能仍然有可能下降，这种看似松散的有序结构因而得以稳定。

尽管振动熵和旋转熵对于非稠密堆积的胶体粒子体系来说非常重要，但是对于稠密堆积体系，由于胶体粒子的涨落受到限制，振动和旋转自由度大大降低，振动熵和旋转熵对结构的贡献却会被严重削弱。因此，如果在密堆积转变点附近逐渐增加胶体粒子的浓度，就有可能引发自组装有序结构类型的转变。例如，四方形胶体片的二维自组装在密堆积转变点前的结构组织形式是六边形晶体，此时体系内每个组装基元均有较大的振动熵和旋转熵[24]。可是，越过密堆积转变点之后，体系的组装结构却变成菱形排列的晶体，因为此时各向异性胶体粒子的振动熵和旋转熵贡献在稠密堆积的情况下被削弱，组装基元的形状转而成为结构组织的主导因素。这是一种典型的熵驱动晶体–晶体转变现象。

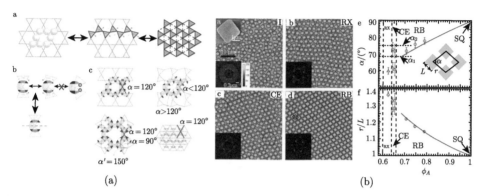

图 1.9 振动熵和旋转熵稳定的胶体粒子组装结构：(a) 三嵌段补丁粒子组装形成的笼目状胶体晶体 [23]；(b) 四方形二维胶体片随着面积组分的增加从六边形晶体转变到菱形晶体 [24]

1.4.3 生命体系里典型的熵驱动生物物理现象

正如爱因斯坦所指出的那样，熵理论对于整个科学来说是第一法则。生命是自然界物质运动发展到最高级阶段的产物。不难想象，熵在生命过程中可能扮演着非常重要的角色。但是，囿于熵的统计性和复杂性，人们对熵在众多生命现象中所扮演角色的理解还不够系统和深入。揭示生命体系中的熵效应对于深入理解生命活动和生理现象的本质，对于开发新型的生物医用材料等都具有重要的意义。下面我们就先列举几个例子，简单介绍一下这方面的研究进展。更为详细的内容在本书第 8 章中还会有系统的介绍。

1. 熵驱动小分子在细胞膜上的分配行为

许多生命现象中重要的小分子，例如水、氧气和二氧化碳等，在细胞磷脂双层膜上的分配 (partitioning) 现象直接关系到其跨细胞膜输运的行为 [25]。理解和精确调控小分子的分配行为对于发展新型高效药物递送体系和阐释诸如膜蛋白的折叠等许多生物物理现象来说意义重大。一般来说，疏水的小分子溶质从水中分配到疏水溶剂中往往是由熵驱动的，这不难理解 [26]。可是，细胞膜的结构高度非均匀，使得小分子从水中分配到细胞膜内这一过程中的热力学驱动力要复杂得多。例如，当己烷小分子从溶剂中刚刚插入磷脂双层膜表面时，主要的驱动力不是熵而是焓，熵作用反而起到了明显的阻碍作用 (图 1.10(a)) [27]。其原因在于小分子从无序、低密度的溶剂到排列致密的有序双分子层中，自由度明显降低，振动熵大大减小。但是，一旦进入磷脂双分子层内部，熵作用就转变成主要的驱动力，直至到达膜的中央，因为膜中央的空间相对较大，处于此位置的小分子会有更大的振动熵。

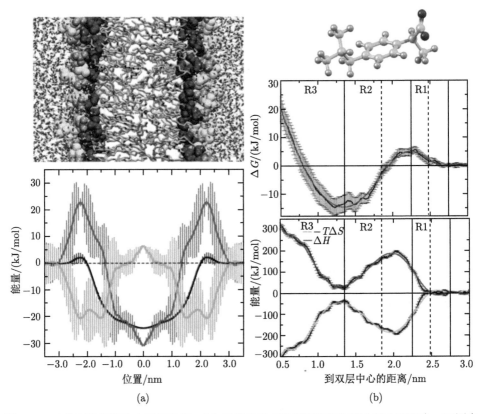

图 1.10　小分子分配行为中的熵效应：(a) 己烷分子在细胞磷脂双层膜上的分配行为，下图中红线表示熵自由能，绿线表示焓自由能，黑线是总的自由能 [27]；(b) 布洛芬分子在细胞磷脂双层膜上的分配行为 [28]

　　需要指出的是，小分子这种熵依赖的分配行为与分子自身的性质有很大的关系。例如，对于尺寸更大的布洛芬分子来说，就不存在在细胞膜边界上的熵势垒，整个分配过程中熵都是主要驱动力 (图 1.10(b)) [28]。因为布洛芬分子的插入会释放空间给其周围的溶剂分子，这样虽然布洛芬分子与磷脂分子的熵减小了，但是溶剂分子的振动熵却显著升高。熵是广延量，可以加和。所以，只要分子足够大，体系总的熵就有可能升高，熵作用就转变为布洛芬分子插入细胞膜时的驱动力。

2. 本征无序蛋白质由构象熵介导的细胞膜曲率感应

　　细胞膜上大约 40% 以上的蛋白质分子缺乏确定的三维折叠结构，称为本征无序蛋白质 (intrinsically disordered protein)。这些无序的氨基酸链更接近于无规的聚合物链，因而相较于规整折叠的蛋白质链会展现出更加显著的构象行为。研究表明，本征无序蛋白质在一些细胞生命活动中扮演着不可或缺的角色。例如，许多细胞生理过程，诸如内吞小窝、管状组织和病毒出芽等，都离不开弯曲的膜结构[29]。这些结构的形成需要蛋白质分子能够感知进而稳定细胞膜的曲率。本征无序蛋白质无规的长链状结构可使其在这一过程中发挥重要作用。如图 1.11 所示，随着细胞膜的弯曲，处于膜上的本征无序蛋白质链与膜之间的空间增大，蛋白质链因而获得更大的构象空间，构象状态的数量明显提高，这一显著变化为细胞感知膜曲率的变化提供了信息[30]。同时，蛋白质链构象熵的增加对于弯曲的膜结构来说也可以起到稳定作用。

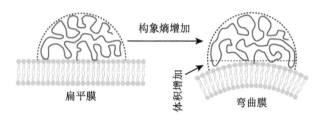

图 1.11　本征无序蛋白质由构象熵介导的细胞膜曲率感应

1.5　本 书 内 容

软物质体系的变化主要由熵变引起，其"弱刺激、强响应"特征的本质主要源于熵。但是，熵是统计意义的概念，"隐藏"得比较深，有时更是会导致反直觉的结果，显得难以捉摸，所以相较于对焓作用的认识，对熵效应的认识和理解要肤浅得多。这经常会导致一些困惑和问题，例如一些实验观察无从解释，难以理解。这一现象近年来逐渐得以改观，特别是随着材料合成和制备技术的不断发展，一些新的软物质体系和材料不断涌现，人们在对这些材料的微观结构组织形成和转变的物理机制进行研究的过程中时常揭示出熵所起到的重要作用。需要指出的是，这类研究还仅仅局限于个别的体系。能否从中总结出相应的规律，从而在理解熵效应的基础上来有效地调控熵，并进一步发展出基于熵效应的软物质体系多层级结构调控策略？这对软物质科学和凝聚态物理学等多学科来说不失为一个亟须解决的关键科学问题。事实上，材料的结构和性能调控对于发展新型的高性能材料和功能体系的重要性是不言而喻的，但现有的策略基本上都是以焓作用 (范德瓦耳斯力、氢键、静电、溶剂作用等) 为出发点，尚缺乏基于熵效应的系统且有效的调控策略。发展熵调控这一概念全新的调控策略有助于解释一些软物质体系实验中所观察到的独特现象，从而阐释其结构形成的物理机制；有助于利用熵效应来设计和发展一些新型的功能体系和材料，例如熵主导的刺激–响应材料等；有助于丰富和完善统计力学和凝聚态物理学的基本理论框架，因为熵本身即处于统计力学的核心位置。本书即以此为出发点，探究熵效应的基本规律，并在此基础上提出熵调控策略的概念和调控路径，介绍熵策略在一些典型的软物质体系中的应用。本书大致分为如下三个部分：

第一部分包括第 1~4 章，首先简要介绍熵的概念和软物质的特点，在此基础上详细给出熵调控策略的三个理论前提，即熵致有序、熵力和强熵效应，特别是在总结以往范例的基础上提出了强熵效应的概念。

第二部分是第 5 章，具体提出熵调控策略的定义、核心思想、调控路径，包括内部因素和外部因素等。

第三部分包括第 6~9 章，主要介绍熵策略在一些典型的软物质体系中的应用，涵盖胶体体系、聚合物体系、生命体系以及几种非平衡体系。一些熵类型在介绍对应的体系时也做了较为详细的阐述。

参 考 文 献

[1] Clausius R. Ueber die bewegende Kraft der Wärme und die Gesetze, welche sich daraus für die Wärmelehre selbst ableiten lassen. Annalen der Physik, 1850, 79 (4): 368-397, 500-524.

[2] 冯端, 冯少彤. 溯源探幽: 熵的世界. 北京: 科学出版社, 2005.

[3] Boltzmann L. Vorlesungen über Gastheorie. Leipzig: Johann Ambrosius Barth, 1896.

[4] Plank M. Ueber das Gesetz der Energieverteilung im Normalspectrum. Annalen der Physik, 1901, 309(3): 553-563.

[5] 汤甦野. 熵: 一个世纪之谜的解析. 2 版. 合肥: 中国科学技术大学出版社, 2008.

[6] Gibbs J W. Elementary Principles in Statistical Mechanics. New York: Charles Scibner's Sons, 1902.

[7] Shannon C E. A mathematical theory of communication. Bell Syst. Tech. J., 1948, 27: 379-423.

[8] de Gennes P G. Soft matter. Rev. Mod. Phys., 1992, 64: 645-648.

[9] 陆坤权, 刘寄星. 软物质物理学导论. 北京: 北京大学出版社, 2006.

[10] 厚美瑛. 复杂而有序的软物质. 现代物理知识, 2011, 23(5): 3-5.

[11] Frenkel D. Order through entropy. Nat. Mater., 2015, 14(1): 9-12.

[12] Cates M E. Entropy stabilizes open crystals. Nat. Mater., 2013, 12(3): 179-180.

[13] Zhu G L, Huang Z H, Xu Z Y, et al. Tailoring interfacial nanoparticle organization through entropy. Acc. Chem. Res., 2018, 51(4): 900-909.

[14] Geng Y N, van Anders G, Dodd P M, et al. Engineering entropy for the inverse design of colloidal crystals from hard shapes. Sci. Adv., 2019, 5(7): eaaw0514.

[15] Wang Z G. 50th anniversary perspective: polymer conformation: a pedagogical review. Macromolecules, 2017, 50(23): 9073-9114.

[16] Frederick K K, Marlow M S, Valentine K G, et al. Conformational entropy in molecular recognition by proteins. Nature, 2007, 448(7151): 325-329.

[17] Rubinstein M, Colby R H. Polymer Physics. Oxford: Oxford University Press, 2003.

[18] Liu Z Y, Guo R H, Xu G X, et al. Entropy-mediated mechanical response of the interfacial nanoparticle patterning. Nano Lett., 2014, 14(12): 6910-6916.

[19] Zhang R, Lee B, Stafford C M, et al. Entropy-driven segregation of polymer-grafted nanoparticles under confinement. Proc. Nat. Acad. Sci. USA, 2017, 114: 2462-2467.

[20] Glotzer S C. Materials science: some assembly required. Science, 2004, 306: 419-420.

[21] Wood W W, Jacobson J D. Preliminary results from a recalculation of the Monte Carlo equation of state of hard spheres. J. Chem. Phys., 1957, 27(5): 1207-1208.

[22] Chen Q, Bae S C, Granick S. Directed self-assembly of a colloidal Kagome lattice. Nature, 2011, 469(7330): 381-384.

[23] Mao X M, Chen Q, Granick S. Entropy favours open colloidal lattices. Nat. Mater., 2013, 12(3): 217-222.

[24] Zhao K, Bruinsma R, Mason T G. Entropic crystal-crystal transitions of Brownian squares. Proc. Natl Acad. Sci. USA, 2011, 108(7): 2684-2687.

[25] Xiang T X, Anderson B D. Influence of chain ordering on the selectivity of dipalmitoylphosphatidylcholine bilayer membranes for permeant size and shape. Biophys. J., 1998, 75(6): 2658-2671.

[26] DeVido D R, Dorsey J G, Chan H S, et al. Oil/water partitioning has a different thermodynamic signature when the oil solvent chains are aligned than when they are amorphous. J. Phys. Chem. B, 1998, 102(137): 7272-7279.

[27] MacCallum J L, Tieleman D P. Computer simulation of the distribution of hexane in a lipid bilayer: spatially resolved free energy, entropy, and enthalpy profiles. J. Am. Chem. Soc., 2006, 128(1): 125-130.

[28] Rojas-Valencia N, Lans I, Manrique-Moreno M, et al. Entropy drives the insertion of ibuprofen into model membranes. Phys. Chem. Chem. Phys., 2018, 20: 24869-24876.

[29] McMahon H T, Gallop J L. Membrane curvature and mechanisms of dynamic cell membrane remodelling. Nature, 2005, 438(7068): 590-596.

[30] Zeno W F, Thatte A S, Wang L, et al. Molecular mechanisms of membrane curvature sensing by a disordered protein. J. Am. Chem. Soc., 2019, 141(26): 10361-10371.

第 2 章 熵 致 有 序

本章从液晶的 Onsager 理论和胶体硬球凝固结晶两个经典的物理体系入手，说明熵增仅是体系状态数的增加，不能简单地等价于无序；实际上，在有些情况下直观有序度越高，体系的微观状态数和熵反而越大。在此基础上，进一步阐述熵致有序的基本原理，并举例予以说明。

2.1 液晶的 Onsager 理论

一般而言，熵被视作体系无序程度的度量。1949 年，美国物理化学家昂萨格 (Lars Onsager) (图 2.1) 在从理论上解释液晶分子从低浓度下的各向同性相到较高浓度下的向列相 (取向有序相) 转变时，发展了液晶的硬棒模型，即所谓的 Onsager 理论。该原理开启了熵致有序的研究，可谓 "大师的洞见"。下面我们首先简要介绍液晶 Onsager 理论的基本理论模型，然后介绍其隐含的物理意义。

图 2.1 液晶 Onsager 理论的提出者：昂萨格 (1903~1976)

2.1.1 非理想溶液中的热力学

气体分子的非理想性可以用配分函数 $B(T)$ 来表示，即

$$B(T) = \frac{1}{N!} \int e^{-\boldsymbol{u}/(k_B T)} d\boldsymbol{\tau} \tag{2.1}$$

其中 N 为分子的数目，$\boldsymbol{u} = \boldsymbol{u}((q_1),(q_2),\cdots,(q_N))$ 为相互作用力的势能，$\mathrm{d}\boldsymbol{\tau}$ 代表在一个构象空间中的微元。由此可以得到 NVT 正则系综下自由能 F 和压力 P 的表达式：

$$F(N,V,T) = N\mu_p^0(T) - k_{\mathrm{B}}T\ln B(N,V,T) \tag{2.2}$$

$$P = -\left(\frac{\partial F}{\partial V}\right)_{N,T} = k_{\mathrm{B}}T\frac{\partial \ln B(N,V,T)}{\partial V} \tag{2.3}$$

其中 $\mu_0(T)$ 为只与温度有关的化学势。

类比气体的形式，在含有 N_p 个胶体粒子的非理想胶体溶液中，引入一个势函数 $\boldsymbol{\omega}((q_1),(q_2),\cdots,(q_{N_p}))$ 描述胶体粒子之间的平均力势 (potential of mean force) [1]。类似的，配分函数 B_p 可以写为

$$B_p(N_p,V,T) = \frac{1}{N_p!}\int \mathrm{e}^{-\boldsymbol{\omega}/(k_{\mathrm{B}}T)}\mathrm{d}\boldsymbol{\tau} \tag{2.4}$$

相较于没有任何相互作用的理想体系中的胶体粒子自由能 $F(\mathrm{solvent})$，胶体溶液的自由能可以给出：

$$F(\mathrm{solution}) - F(\mathrm{solvent}) = N_p\mu_p^0(T) - k_{\mathrm{B}}T\ln B(N_p,V,T) \tag{2.5}$$

同样，胶体溶液的化学势 $\mu_p(T)$ 和渗透压 P 也可以给出：

$$\mu_p = \mu_p^0 - k_{\mathrm{B}}T\frac{\partial \ln B_p(N_p,V,T)}{\partial N_p} \tag{2.6}$$

$$P = k_{\mathrm{B}}T\frac{\partial \ln B_p(N_p,V,T)}{\partial V} \tag{2.7}$$

胶体粒子之间的相互作用可以进行如下分解：

$$\mathrm{e}^{-\boldsymbol{\omega}\left(q_1,q_2,\cdots,q_{N_p}\right)/(k_{\mathrm{B}}T)} = 1 + \sum_{i>j}\Phi_{ij} + \sum \Phi_{ij}\Phi_{i'j'} + \cdots \tag{2.8}$$

其中 Mayer 势函数 $\Phi(i,j) = \mathrm{e}^{-u(i,j)/(k_{\mathrm{B}}T)} - 1$。结合式 (2.7) 和式 (2.8)，可以给出

$$\ln B_p = N_p\left[1 + \ln(V/N_p) + \frac{1}{2}\beta_1(N_p/V) + \frac{1}{3}\beta_2(N_p/V)^2 + \cdots\right] \tag{2.9}$$

$\beta_v(v = 1,2,\cdots)$ 为势能参数，以此类推。

2.1.2　基于 Onsager 理论的球柱硬棒模型

对于具有单轴取向的硬粒子，Onsager 1949 年引入了空间分布函数 $f(\boldsymbol{a})$，该函数描述了在状态空间 Ω 具有取向角 $\boldsymbol{a}$ 的胶体粒子的密度分布，并满足 $\int_{\Omega} f(\boldsymbol{a})\,\mathrm{d}\Omega(\boldsymbol{a}) = 1$ 的归一化条件 [2]。此时式 (2.9) 可以写成如下的积分形式：

$$\ln B_p = N_p \Big\{ 1 + \ln(V/N_p) - \int f(\boldsymbol{a}) \ln(4\pi f(\boldsymbol{a}))\mathrm{d}\Omega$$

$$+ [N_p/(2V)] \iint \beta_1(\boldsymbol{a},\boldsymbol{a}')\, f(\boldsymbol{a}) f(\boldsymbol{a}')\mathrm{d}\Omega\mathrm{d}\Omega'$$

$$+ [N_p^2/(3V^2)] \iint \beta_2(\boldsymbol{a},\boldsymbol{a}')\, f(\boldsymbol{a}) f(\boldsymbol{a}') f(\boldsymbol{a}'')\mathrm{d}\Omega\mathrm{d}\Omega'\mathrm{d}\Omega'' + \cdots \Big\} \quad (2.10)$$

由于两体势能在自由能贡献上达到了 85% 左右 [3]，为了简单起见，只考虑式 (2.10) 前三项。

$$\ln B_p = N_p \Big\{ 1 + \ln(V/N_p) - \int f(\boldsymbol{a}) \ln(4\pi f(\boldsymbol{a}))\mathrm{d}\Omega$$

$$+ [N_p/(2V)] \iint \beta_1(\boldsymbol{a},\boldsymbol{a}')\, f(\boldsymbol{a}) f(\boldsymbol{a}')\mathrm{d}\Omega\mathrm{d}\Omega' \Big\} \quad (2.11)$$

其中胶体粒子的取向熵 S_{or} 以及由于粒子排除体积效应产生的熵 S_{pack} 分别表示为

$$S_{\mathrm{or}} = k_{\mathrm{B}}\sigma(f) = -k_{\mathrm{B}} \int_{\Omega} f(\boldsymbol{a}) \ln 4\pi f(\boldsymbol{a})\mathrm{d}\Omega(\boldsymbol{a}) \quad (2.12)$$

$$S_{\mathrm{pack}} = 2k_{\mathrm{B}}bc\rho(f) = -k_{\mathrm{B}}c\overline{\beta}_1\rho(f) = -k_{\mathrm{B}}c \int_{\Omega,\Omega'} \beta_1(\boldsymbol{a},\boldsymbol{a}')\, f(\boldsymbol{a}) f(\boldsymbol{a}')\mathrm{d}\boldsymbol{a}\mathrm{d}\boldsymbol{a}' \quad (2.13)$$

式中 $c = N_p/V$ 为系统的数密度，$\sigma(f)$ 和 $\rho(f)$ 为与分布函数 f 有关的函数，b 为形状常数。

硬粒子的 Mayer 势函数可以表示为

$$\Phi(i,j) = \begin{cases} -1, & r_{ij} \leqslant r_0 \\ 0, & r_{ij} > r_0 \end{cases} \quad (2.14)$$

根据式 (2.12) 和 (2.14)，β_1 的值为排除体积 v_{excluded} 的负值：

$$\beta_1(\boldsymbol{a},\boldsymbol{a}') = \frac{1}{V} \int \Phi_{12}(\boldsymbol{a},\boldsymbol{a}')\mathrm{d}\Omega\mathrm{d}\Omega' = -v_{\mathrm{excluded}}(\boldsymbol{a},\boldsymbol{a}') \quad (2.15)$$

对于空间 Ω 和 Ω' 中的直径为 D、长度为 $L(L \gg D)$ 的球柱，排除体积的表达式为

$$v_{\mathrm{excluded}}(\boldsymbol{a},\boldsymbol{a}') \approx 2L^2 D \sin\langle\boldsymbol{a},\boldsymbol{a}'\rangle = 2L^2 D \sin\gamma \quad (2.16)$$

其中 $\gamma = \langle \boldsymbol{a}_i, \boldsymbol{a}_j \rangle$ 为两球柱的夹角 (图 2.2)。

$$b = -\frac{1}{2}\bar{\beta}_1 = \int_0^{\frac{\pi}{2}} (2L^2 D \sin\gamma)\sin\gamma \mathrm{d}\gamma = \frac{\pi}{4}L^2 D \tag{2.17}$$

结合式 (2.5)、式 (2.12) 和式 (2.13)，系统总自由能可以写为

$$\begin{aligned} F &= F(\text{solution}) - F(\text{solvent}) \\ &= N_p\mu_0(T) + N_p k_B T[\ln c - 1 + \sigma(f) + bc\rho(f)] \end{aligned} \tag{2.18}$$

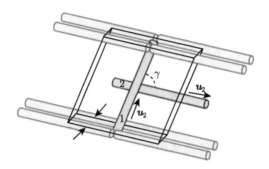

图 2.2 球柱的排除体积相互作用力示意图

同时我们给出化学势 μ_p 以及压力 P 的表达式：

$$\mu_p = \left(\frac{\partial F}{\partial N_p}\right)_{T,V} = \mu_p^0 + k_B T\left(\ln c + \sigma + 2bc\rho\right) \tag{2.19}$$

$$P = -\left(\frac{\partial F}{\partial V}\right)_{N_p} = k_B T c\left[1 + bc\rho\right] \tag{2.20}$$

为了求解取向密度泛函 $f(\boldsymbol{a})$，Onsager 给出了试函数 [2]：

$$f(\boldsymbol{a}) = f(\alpha;\theta) = \frac{\alpha\cosh(\alpha\cos\theta)}{4\pi\sinh\alpha} \tag{2.21}$$

其中序参数 $\alpha > 0$。$f(\boldsymbol{a})$ 在取不同参数值时的具体形式见图 2.3。

对于均质溶液，Onsager 给出了如下表达式：

$$\sigma(\alpha) = \ln\left(\frac{\alpha\coth\alpha}{4\pi}\right) - 1 + \frac{\arctan(\sinh\alpha)}{\sinh\alpha} \tag{2.22}$$

$$\rho(\alpha) = \frac{2c}{\sinh^2\alpha}\mathrm{I}_2(2\alpha) \tag{2.23}$$

其中 I_2 为 2 阶贝塞尔函数。

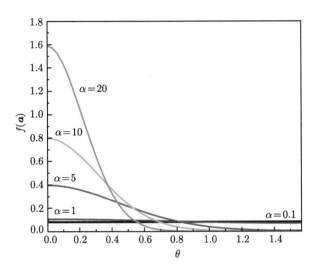

图 2.3　Onsager 试函数 $f(\boldsymbol{a})$ 的密度分布图

下面我们讨论无热溶液中 F 的最小值问题。当溶液的胶体粒子的数密度 c 较小时，可以忽略粒子之间的排除体积效应对于自由能的贡献，由 $F_{\min} = F_i$ 可以得到

$$\alpha = 0, \quad f_i(\boldsymbol{a}) = 1/(4\pi), \quad \sigma_i = 0, \quad \rho_i = 1$$

$$F_i = N_p\mu_0(T) + N_p k_{\mathrm{B}}T(\ln c - 1 + c) \tag{2.24}$$

此时系统处于各向同性的状态。当体系发生各向同性–向列相转变时，两相共存，须同时满足化学势和渗透压相等 (式 (2.25))，以及稳定转变 (式 (2.26) 和 (2.27)) 的条件：

$$\mu_a = \mu_i, \quad P_a = P_i \tag{2.25}$$

$$\left(\frac{\partial F}{\partial \alpha}\right)_{T,V} = N_p k_{\mathrm{B}}T\left(\sigma'(\alpha) + bc\rho'(\alpha)\right) = 0 \tag{2.26}$$

$$\left(\frac{\partial^2 F}{\partial \alpha^2}\right)_{T,V} = N_p k_{\mathrm{B}}T\left(\sigma''(\alpha) + bc\rho''(\alpha)\right) > 0 \tag{2.27}$$

即

$$bc_a + (bc_a)^2\rho_a = bc_i + (bc_i)^2\rho_i \tag{2.28}$$

$$\ln(bc_a) + \sigma_a + 2bc_a\rho_a = \ln(bc_i) + \sigma_i + 2bc_i\rho_i \tag{2.29}$$

其中 α_a 为向列相的 Onsager 序参数，c_i 和 c_a 分别为各向同性相和向列相的数密度，bc 是圆柱硬棒的无量纲浓度。经数值求解可以得出 $\alpha_a = 18.584$，$\rho_a = 0.49740$，$\sigma_a = 1.9223$，$bc_i = 3.3399$，$bc_a = 4.4858$。

2.1.3　Onsager 理论的物理启示

Onsager 将棒状的液晶分子看成硬棒系统，棒与棒之间除了排斥体积效应外没有其他相互作用。这样，在等温条件下逐步增加液晶分子的浓度，内能几乎不变，体系的自由能则全部由熵效应贡献。由式 (2.11) 可知，系统的熵分为两个部分：其一是取向熵 S_{or}，硬棒的取向越无序，取向熵越大，若硬棒都顺向排列，则取向熵最小；其二是平动熵 S_{pack}，硬棒的平移运动会影响到分子可能经历的状态数，因而有对应的熵值。在统计力学中，硬体的平动熵可以根据其自由体积估算，两者之间存在着等效关系。如果硬棒的平移范围或自由体积受到限制，会导致平动熵减小。熵是广延量，不同类型的熵值之间可以加和，因而硬棒系统总的熵等于这两类熵的总和，即

$$S = S_{\mathrm{or}} + S_{\mathrm{pack}} \tag{2.30}$$

对于无相互作用力的硬棒系统，在等温条件下的平衡状态对应于自由能的极小值，此时自由能的变化完全由熵变引起，因而有

$$\Delta F = \Delta U - T\Delta S = -T\Delta S = -T\left(\Delta S_{\mathrm{or}} + \Delta S_{\mathrm{pack}}\right) \tag{2.31}$$

可见，硬棒的取向熵和平动熵改变之和的极大值就成了决定体系平衡态结构的条件。当硬棒的浓度比较小时，棒与棒之间距离甚大，它们彼此之间的运动几乎不受阻碍，因而排列的状态对于平动熵的影响甚小，可忽略不计。在此情况下，取向熵的极大值就决定了此时平衡态对应于完全混乱的硬棒排列。随着体系浓度增大，棒与棒之间的距离逐步缩小，棒状分子的运动将被其他硬棒阻碍，直到所有棒都互相卡住，动弹不得 (图 2.4(a))。此时取向熵几乎仍保持原值，但每根棒的自由体积趋近于零，极大减少了平动熵。如果此时所有的硬棒都顺向排列起来，虽然取向熵有所减少，但每个分子周围容许运动的自由体积却有所增大，从而使平动熵的增加超过了取向熵的减少，体系总的熵仍然会增大 (图 2.4(b))。这样，平衡态将是硬棒分子都顺向排列起来。因此，正如式 (2.25)~(2.29) 所描述的，存在某一临界分子间距 (或临界分子浓度)，当分子间距 (或分子浓度) 大于此临界值时，棒状分子会自发从各向同性无序相转变成向列排列的有序相。可见，Onsager 理论表明体系内不同自由度 (熵类型) 之间的竞争会导致可观测的有序结构出现。这里可观测的有序结构一般强调宏观意义上的结构组织，因为视觉上较明显，容易让人"直觉地"认为整个系统变得有序了，实际上微观状态数在这个转变过程中是得到有效提升的。这个例子清晰地表明，熵增与体系的可观测有序程度之间实际上并不存在必然的关联，即熵增的过程可以伴随有序结构的出现。这就是 Onsager 理论最重要的物理启示。

(a)   (b)

图 2.4　硬棒系统的 Onsager 理论示意图：(a) 各向同性相；(b) 取向有序相

2.2　胶体硬球凝固结晶

熵致有序的另外一个典型例子是胶体硬球的凝固结晶。早在 20 世纪 50 年代，柯克伍德 (John G. Kirkwood) 等科学家采用理论分析的方法研究硬球体系的结构组织时意外地发现硬球流体在凝固的情况下会发生结晶[4]。后来，Alder 和 Wainwright[5] 以及 Wood 和 Jacobson[6] 等采用数值模拟的方法给出了这种有序转变现象的有力证据。由于这种在无序液体中形成有序晶体的过程与常见的有序转变非常相似，加之当时计算机模拟方法刚刚在科学研究中得到应用，这些结果在当时饱受质疑。为此，1957 年许多物理学家 (包括两名诺贝尔奖获得者) 在美国西雅图召开了多体问题圆桌会议，专门针对此模拟结果的准确性做了一次投票[7]。有意思的是参会人员投出的赞成票和反对票刚好相等。最后时刻，会议的主席，荷兰物理学家乔治·乌伦贝克 (George Uhlenbeck) 打破了这一平局：他投了反对票。自那次会议以后，形势却发生了剧烈的变化，越来越多的理论和实验结果证实球状胶体粒子的确会发生凝固结晶，因而堆积条件下硬球流体存在有序转变的观点也被越来越多的物理学家接受。硬球体系里面球与球之间并不存在相互作用，也即 $\Delta U = 0$，因而其结构主要由熵效应 ΔS 决定。那么熵是怎样介导硬球体系有序转变的呢？

在统计力学中，每个硬粒子的振动熵与其可获得的自由体积密切相关，因此我们就可以用自由体积的对数来近似其振动熵。对于结晶固体，自由体积可以简单地看做一个粒子能够自由移动，不碰触到邻近粒子的最大活动空间。如果结晶结构是由稠密堆积的硬球构成，每个球的自由体积消失，根据开普勒 (Johannes Kepler) 的计算结果，所有球占总体积的分数为 $\pi/\sqrt{18}$，也即约 0.74，所以不难理解在组分为 0.74 时硬球体系会形成六边形排列的稠密堆积晶体。但是，实际的结果是六边形排列的晶体结构在体积分数为 0.64 时即已出现，这也是早期人们争论的关键所在。实际上 0.64 这个点对于硬球体系特别重要，是硬球体系无序结构所能达到的最高密度，称为无规密堆积 (random close packing) 点。当体积分数远小于无规密堆积点时，充足的空间使得粒子的振动熵很大。但在无规密堆积点，若粒子随机无序排列，每个粒子的自由体积消失，振动熵接近于零 (图 2.5(a))。此时粒子更倾向于有序排列，因为通过有序组织，每个粒子仍然会获得一定的自由体积和振动熵。对于均相的硬球体系，可以证明，当每个粒子所获得的自由体积都相等时，整个体系的振动熵最大，因而体系最终呈现六边形排列的晶体结构，如图 2.5(b) 所示。这个经典的物理体系表明，在特定条件下体系越有序，对应的状态数就越大，熵也越大，再次说明熵增与结构的无序和有序并不存在必然的联系。

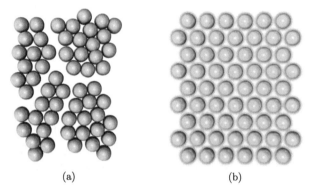

(a)   (b)

图 2.5　胶体硬球结晶: (a) 无规密堆积点的无序结构; (b) 振动熵导致的胶体硬球有序

2.3　熵致有序的物理内涵

2.3.1　可见有序与微观无序

上述两个例子清晰地表明，微观结构的有序转变并不总是意味着体系熵值减少。恰恰相反，在这些例子中，结构越有序，体系的熵反而越大，这看似与长期以来将熵视作体系无序程度度量的观点相违背。

为了深入理解这一现象背后所隐含的物理机制，我们还是回到熵的统计力学表达，也即玻尔兹曼表达形式:

$$S = k_{\mathrm{B}} \ln W \tag{2.32}$$

这里 k_{B} 为玻尔兹曼常量，W 是体系所能达到的状态数。这个式子直观地表明了熵的增长只对应体系状态数的增加，而没有说明熵增与体系无序或有序之间的关系。换句话说，熵增的过程只是体系状态数增加的过程，与结构的有序和无序没有必然的联系 [8]。其实这里存在一个关键的问题，就是我们如何定义一个体系的有序和无序。如果将体系结构的无序定义为其拥有更多的状态数，则说熵增对应体系结构的无序程度增加是没有任何问题的；此时熵是无序程度的度量，与传统的观点完全一致。但是我们还可以直观地定义各向同性的液体为无序，各向异性且周期性的晶体结构为有序。这就是直观上的，或者是可观测的有序和无序。从胶体硬球的熵驱结晶来看，其直观上的结构组织越有序，微观状态数反而会越大，因此可以说直观的有序是通过微观状态数的增加 (微观的无序) 来实现的，亦即"order through disorder" [9]。可见，问题出在直观上的有序或无序在特定的体系中和微观状态数的多少可能是正相关也可能是负相关的。这就导致了所谓熵增驱动结构有序这一反直觉的、"不可思议" 事件的发生。需要指出的是，熵增导致有序不是个别的、意外的事件，而是有规律性的。深入探寻相关的规律，对于有效利用熵致有序来设计和实现特定体系的新结构或者新功能来说有着极为重要的科学和实践意义。

2.3.2　多熵类型的竞争有序

上述胶体硬球体系在凝固结晶时，每个球只有在其平衡位置附近的振动自由度。而 Onsager 理论所描述的棒状液晶分子实际上有平动和取向两个自由度，此时其结构组织是硬棒的平动熵和取向熵相互竞争的结果。这里需要特别强调的一点是，熵是广延量，一个体系总的熵变由不同类型的熵变加和得到。所以，对于多自由度的体系，其结构组织过程中的熵增往往是通过不同类型的熵的协同来实现的。在这个过程当中，如果某一自由度相较于其他自由度在相同的情况下更易获得更多的状态数，则其他自由度便有可能通过局部的有序组织来释放更大的自由体积或状态空间给这一自由度，最终导致所谓的 "有序结构析出"。在棒状液晶分子体系中，硬棒从各向同性相到向列相转变时，其取向自由度会受限，结构组织相应地向取向有序的方向发展；而平动自由度因此得以加强。这个过程中不仅取向有序导致的熵损失会由向列相中硬棒更多的自由体积增加引起的平移熵增量来补偿，体系总的状态数和熵也会获得最大限度的增加。

实际上许多软物质体系的结构都可以通过上述论证来类似地理解。例如，由硬棒和硬球组成的混合物 [10] 和由不同大小的硬球组成的混合物 [11]。在硬棒和硬球组成的混合体系中，主要的熵类型包括球和棒各自的平动熵及两者之间的混合熵，此外还有棒的取向熵。这几种熵类型的协同作用使得该体系出现了更为丰富的相转变行为 (图 2.6)。自然，这种相行为导致的最后状态同样要求熵值最大化。因此，系统的取向、位置和混合熵的损失一定会由最终有序相出现而引起更多的自由体积增加贡献的熵增量来补偿。

对于仅由硬粒子组成的体系，从统计力学上来看，其振动熵或平动熵与体系的自由体积是近似等价的。所以我们不妨来分析一下由不同大小的硬球所组成的混合物中不同类型的熵对结构组织的贡献[12]。设定体系中包含半径分别为 R_b 和 R_s 的大、小两种类型的胶体硬球，满足涨落耗散定理，且两者之间的相互作用是硬球势，这保证了小球之间除了排斥体积效应外不再有其他相互作用。对于这样一个二元硬球混合体系，熵贡献既包括大小球的振动熵或平动熵，也包括两者之间的混合熵。混合熵的贡献要求大球均匀分布在大量小球组成的系统中。但是，随着大小球尺寸相差足够大，在某些胶球浓度范围内会相分离成由大球和小球组成的两相，即大球发生了聚集，形成较为有序的凝聚结构。为了理解驱动这类相分离的物理机制，我们首先考虑一个大球和一个小球接触的情形。由于硬球不可渗透，在大球周围厚度为 R_s 的壳层对小球的质心不可达。但如果两个或更多大球接近到它们的表面间距不到 $2R_s$ 时，这些排斥体积将会部分重叠。大球的凝聚虽然导致了混合熵的减少，但是由于同等体积下小球的数量远远超过大球，体系总的熵贡献主要来自于小球部分的平动熵，所以体系总的熵值仍然是增加的。于是，胶体硬球混合体系的熵致相变原理是简单的，即当大的胶体粒子浓度较低时，混合熵的作用也许导致组分的相容；随着胶体粒子浓度的增加，为了保证小球有足够的平动熵，大的粒子出现凝聚，导致相分离的发生。

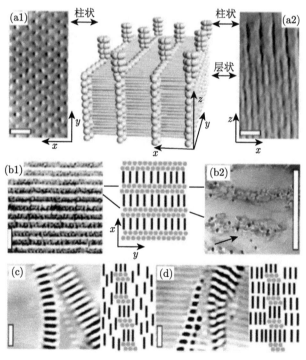

图 2.6 胶体硬球和硬棒混合体系中的熵致有序相结构[9]

参 考 文 献

[1] Mayer J E. The statistical mechanics of condensing systems. J. Chem. Phys., 1937, 5: 67-73.

[2] Onsager L. The effects of shape on the interaction of colloidal particles. Ann. NY Acad. Sci., 1949, 51: 627-659.

[3] Baranyai A, Evans D J. Direct entropy calculation from computer simulation of liquids. Phys. Rev. A, 1989, 40: 3817-3822.

[4] Kirkwood J G, Maun E K, Alder B J. Radial distribution functions and the equation of state of a fluid composed of rigid spherical molecules. J. Chem. Phys., 1950, 18: 1040-1047.

[5] Alder B J, Wainwright T E. Phase transition for a hard sphere system. J. Chem. Phys., 1957, 27: 1208.

[6] Wood W W, Jacobson J D. Preliminary results from a recalculation of the Monte Carlo equation of state of hard spheres. J. Chem. Phys., 1957, 27: 1207.

[7] Percus J K. The Many-Body Problem. New York: Wiley, 1963.

[8] Zhu G L, Huang Z H, Xu Z Y, et al. Tailoring interfacial nanoparticle organization through entropy. Acc. Chem. Res., 2018, 51(14): 900-909.

[9] Frenkel D. Entropy-driven phase transitions. Physica A, 1999, 263: 26-38.

[10] Asakura S, Oosawa F. On interaction between two bodies immersed in a solution of macromolecules. J. Chem. Phys., 1954, 22: 1255-1256.

[11] Adams M, Dogic Z, Keller S. L, et al. Entropically driven microphase transitions in mixtures of colloidal rods and spheres. Nature, 1998, 393: 349-352.

[12] 马余强. 软物质的自组织. 物理学进展, 2002, 22: 73-98.

第 3 章 熵   力

本章从介绍自然界基本相互作用力与熵力的区别入手，导出熵力的概念定义、主要特征；在此基础上，列举了软物质体系中几种典型的熵力及其理论基础；最后分析了不同类型的熵力之间的密切关系，指出了它们之间潜在的统一性。

3.1 基本作用力与熵力

关于 "力" 的研究是一门古老的科学。那么，在自然界中究竟有哪些相互作用力呢? 一般认为在自然界中有四种基本相互作用力，即引力、电磁力、强相互作用力和弱相互作用力。在这四种基本相互作用力中，强相互作用力最强，引力最弱。假如以强相互作用力的强度为 1，则电磁力为 10^{-2}，弱相互作用力为 10^{-13}，引力为 10^{-38}。正是这些巨大的差别，使存在于宇宙中的物质具有多样性。

最早被人们发现的是引力相互作用。它的强度虽然小，但是一种长程力，而且随着质量的增加而增加，所以质量大的物体之间的引力是很大的。古典力学的奠基人牛顿系统地对引力进行了研究，他提出了著名的万有引力定律，指出质量分别为 m_1 和 m_2 的两个质点，相距为 r 时，它们之间的引力为

$$F = G\frac{m_1 m_2}{r^2} \tag{3.1}$$

这里 G 是万有引力常数。

存在于静止电荷之间的电性力 (库仑力) 和存在于运动电荷之间的电性力 (磁性力)，由于其本质上相互联系，总称为电磁力。电磁力属于长程力，既可表现为引力，又可表现为斥力，其表达式为

$$F = \frac{Q_1 Q_2}{r^2} \tag{3.2}$$

电磁力的强度比引力大得多，是到目前为止人们认识得最为清楚的一种力。电磁力是由光子传递的。在没有电磁场的宏观物体之间，电磁力显示不出它的威力。可是，对于宏观的 "接触力"(如弹性力、绳子中的张力、摩擦力、黏滞阻力等)，则基本上是电磁力的反映。

第三种基本作用力被恰如其分地命名为弱相互作用力，它是负责辐射 β 衰变的。由 β 衰变的寿命推算，这种相互作用比电磁相互作用强度弱得多，"弱相互作

用" 便由此而得名。弱相互作用力是短程力，它随距离的增加按指数规律衰减。所以，在宏观物体之间的作用微弱到可以忽略不计。弱相互作用力是由叫作 W 玻色子和 Z 玻色子的粒子来传递的。参与弱相互作用的微粒被称为"轻子"。

原子核酷似一个坚硬的钢球，需要高达 8MeV 的能量才能把它敲碎。是什么力量使质子和中子如此牢固地束缚在一起呢？仍然是一种力，这种力叫强相互作用力。强相互作用力的力程很短，只有十万亿分之几厘米，它的强度比电磁力大100 倍，是自然界中最强的相互作用力。强相互作用力是由一种称为"胶子"的媒介传递的。参与强相互作用的粒子被称为"强子"。

这四种基本的相互作用力之间是有一定联系的。现代科学研究的成果已经证明，弱相互作用力和电磁相互作用力在更高的能量标度上可以统一，这就是弱电统一理论，由美国物理学家温伯格 (Steven Weinberg) 和巴基斯坦物理学家萨拉姆 (Abdus Salam) 分别提出。而电磁力和强、弱相互作用力统一于粒子物理标准模型，可由 Yang-Mills 规范理论等描述。

实际上，还存在一种类型的力，不是由这四种基本相互作用引起的，而是由体系内熵的改变引起的。例如，高分子链的弹性力，溶液的渗透压，气体的压强，非对称颗粒混合体系内的排空 (depletion) 力，甚至是物体界面的疏水效应等。如果我们仔细分析一下这类力产生的原因就会发现，体系内的基本相互作用能很弱或没有发生大的变化，而熵的改变却非常明显。也即其性质主要不是由这个系统中的某种特定的微观作用力决定，而是表现为整个系统对于熵增加的统计趋势。这便是熵力。熵力不是一种基本相互作用力，而是一个系统的宏观力或整体力，源于系统内熵的最大化。下面我们以高分子链的弹性力为例来较为深入地剖析熵力产生的原理。

一条处于平衡状态的高分子链会展现出无规线团状构象。如果用镊子夹紧这条链的两个末端，施加大小为 F 的力，该链便会偏离平衡态时的构象。如图 3.1所示，方便起见，我们将其中的一个链末端作为起始点加以固定，然后沿着 x 轴方向牵引另外一个链末端，这时链的构象熵可写为

$$S(E,x) = k_B \ln \Omega(E,x) \tag{3.3}$$

其中 k_B 为玻尔兹曼常量；$\Omega(E,x)$ 表示整个体系的构象空间，是所在热浴 (环境) 的总能量 E 与拉伸位置 (链长)x 的函数。需要注意的是，力 F 对 x 的依赖完全取决于链的构象效应。

在正则系综中，可以将力 F 作为一个与链长 x 相关的外部变量引入配分函数中 [1]

$$Z(T,F) = \int dEdx \Omega(E,x) e^{-(E+Fx)/(k_BT)} \tag{3.4}$$

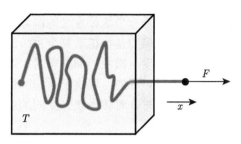

图 3.1 高分子自由结合链的熵弹性模型

这样，将一条高分子链在热浴能量为 E 时固定在链长 x 所需要的外力 F 便可由该函数的鞍点近似得到，也即

$$\frac{1}{T} = \frac{\partial S}{\partial E}, \quad \frac{F}{T} = \frac{\partial S}{\partial x} \tag{3.5}$$

可见，与这个外力 F 相平衡的是一种试图让高分子链恢复到平衡状态且与熵相关的力，即熵力。式 (3.5) 同时表明熵力有两个重要特点：一是指向熵增加的方向；二是与温度的大小成正比。对于高分子链来说，其熵力表现为弹性力，且符合胡克定律

$$F_{\text{polymer}} \sim -\text{const} \cdot k_{\text{B}} T \langle x \rangle \tag{3.6}$$

这表明，至少在温度不变的情况下，宏观层次上熵力是守恒力。但是，其对应的势没有任何微观意义，是一种涌现 (emergent) 行为，这与基本相互作用力完全不同。

我们还可以考虑一个有意思的问题，就是在高分子链回复到其平衡位置的过程中也对外做功，那么这部分能量来自何处？对外做的功应等于从环境热浴中获得的能量，也即整个体系的能量仍然是守恒的。熵变不会凭空产生能量。

3.2 熵力的特征

从前面的论述可以看出，每种基本相互作用力都有对应的作用场，且通过特定的介质传递，例如光子、玻色子和胶子等。熵力不具备这些基本相互作用力的性质。与这些基本相互作用力相比，熵力有其自身的特征。虽然不同系统中熵力的表现形式和作用方式有很大的差别，但它们也有共同的物理特征，可概括为如下三点。

3.2.1 统计宏观性

熵力完全源于一个热力学系统对于熵增加的统计趋势，而非任何的微观基本相互作用力或者能量。熵力的这一纯熵本质使得在其作用的过程中整个系统的能

量依然是守恒的。同熵一样，熵力是一个统计意义的概念，也即微观统计行为的宏观表达；一个系统所表现出来的熵力是根植于整个系统的状态空间的，因而是一个系统的宏观力或者整体力，并没有微观层面的意义。熵力的统计宏观性使其作用的范围可以是长程的也可以是短程的，取决于系统的性质。这种统计宏观性要求我们在理解熵力的作用或行为时，对体系状态空间的类型和变化有一个整体的把握。

3.2.2　涌现性

熵力不仅仅是整体性、统计性的，还有涌现性。涌现性是一个系统科学的概念，由组成成分按照系统结构方式相互作用、相互补充、相互制约而激发出来，是一种组分之间的相干效应 [2]。涌现性是系统非加和的属性，"整体大于部分之和"与"整体小于部分之和"这样的整体与部分差值就是涌现。熵力的产生是系统里面单元之间相互协同而涌现的集体行为，不是单一单元行为的简单加和，更不是单一单元的本征行为。一般来说，系统的密度越大，涌现行为越明显。因而熵力一般会依赖于系统的密度，在密度越大、空间受限的环境中，熵力往往越大。

3.2.3　单向性

单向性即熵力总是指向熵增加的方向。外部作用力可以引起系统的熵减，但是系统的熵力总是指向引起熵增加的方向。任何导致因熵减而偏离系统能达到的最大熵的作用都会引发系统回到其最大熵时的统计趋势，进而产生熵力。一般来说，偏离程度越大，对应的熵力也越大；当系统达到最大熵状态时，熵力为零；在热力学系统中，熵力的大小与温度相关。熵力的这种始终指向最大熵状态的性质，在一些情况下可以视作对高熵状态的一种稳定因素，这便是一些体系具有熵稳定结构的根本原因，例如振动熵和旋转熵稳定的胶体粒子松散自组装结构 [3]。

3.3　典型的熵力

熵力广泛存在于自然界中。特别是软物质体系，其众多的结构形成和转变主要源于熵，因而不同形式的熵力可能会在其中扮演着重要的角色。在本节我们介绍几种相对典型且普遍的熵力，着重指出它们的熵本质，并给出对应的理论基础。

3.3.1　渗透压

对于两侧水溶液浓度不同的半透膜，为了阻止水从低浓度一侧渗透到高浓度一侧而在高浓度一侧施加的最小额外压强称为渗透压力，简称渗透压。渗透压在许多生物物理现象中发挥着极为重要的作用，例如细胞内外水的输运等。如图 3.2 所示，如果我们向下面包裹半透膜的圆管内加入浓度为 c_B 的溶质，而管外侧的浓度

保持 $c_A=0$。要实现这两部分相平衡的话需要对应组分的浓度相等，也即 $c_A = c_B$。因此，外面的水分子会通过半透膜扩散到圆管中，形成高度为 h 的水柱，其产生的压强便等于渗透压。荷兰化学家范托夫 (Jacobus H. van't Hoff) 首先对这一现象做了系统的实验研究，发现当溶质的浓度不大时，渗透压 π 的大小可以表达为系统两部分浓度差 Δc 和温度 T 的函数，即

$$\pi = \Delta c\,(k_{\mathrm{B}}T) \tag{3.7}$$

这里 $\Delta c = \Delta N/V = (N_B - N_A)/V$，其中 N 是体系内总的分子数，V 是体系的体积。

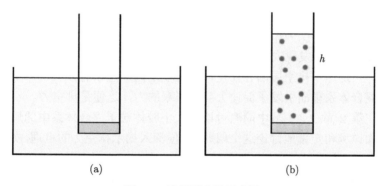

图 3.2　渗透压实验示意图

渗透压产生的惊人之处在于添加到圆管内的溶质分子既没有引入其他类型的相互作用力，也没有与溶剂分子产生任何相互作用，更没有引发化学反应而产生新的物质。那么推动水分子扩散到圆管内形成液柱的驱动力到底是什么？是熵力。相平衡要求 $c_A = c_B$ 的根本原因在于，只有当两部分的组分浓度完全相等时系统的混合熵才能达到最大值。如果两边的浓度不相等，系统便会产生向这一最大熵状态演化的统计趋势，进而引发熵力。为了从理论上证明这一点，下面我们从熵的角度进一步剖析这一体系。

理论上，将摩尔分数为 x 的溶质加入溶剂后所引发的体系熵变为

$$\Delta S \approx -Nk_{\mathrm{B}} \ln(1 - x) \tag{3.8}$$

当体系达到平衡状态时，内部的能量不再改变，此时熵变与温度的乘积就等于体系对外做的功，也即渗透压与体积的乘积：

$$T\Delta S = -Nk_{\mathrm{B}}T \ln(1 - x) = \pi V \tag{3.9}$$

当溶质浓度很小时，$x \leqslant 1$，则有 $\ln(1 - x) \approx -x$，式 (3.9) 相应变换为

$$\pi V = Nk_{\mathrm{B}}Tx \tag{3.10}$$

考虑到摩尔分数记为 $x = n/N$ (n 为溶剂分子数),对应的体积浓度为 $c = n/V$,则式 (3.10) 可进一步变换成范托夫的渗透压表达式,即

$$\pi = c(k_{\mathrm{B}}T) \tag{3.11}$$

理论与实验结果的一致性充分证明了渗透压的熵本质,同时也表明了渗透压源自溶质的引入所导致的系统内混合熵差异,也即溶质浓度是渗透压的主要控制变量。

3.3.2 排空力

排空力的发现应归功于日本名古屋大学的 Asakura 和 Oosawa,他们在 1954 年最先报道了相关的实验结果 [4]。对于包含半径分别为 R 和 d 两种类型胶体粒子的混合体系,他们发现大粒子的外面包裹着的一层厚度为 d 的空间是小粒子无法跨越的。正是这个排空层的存在使得大粒子之间产生了有效吸引,就好像添加小粒子到混合体系里面引发了促使大粒子凝聚的力,这便是排空力。

我们在第 2 章 2.3.2 节中简略讨论了大小胶体粒子混合体系中的熵效应,这里我们更加详尽和定量地讨论这个问题,以便深入揭示排空力的机理。如图 3.3(a) 所示,考虑一个体积为 V 的容器中包含两个半径为 R,体积为 $v = 4\pi R^3/3$ 的硬胶体粒子,相互之间除了排斥体积效应外没有任何其他相互作用,则容器中可供这两个粒子做扩散运动的自由体积为

$$V' = V - 2v \tag{3.12}$$

如果向这个容器中加入 n 个半径为 $d(d \leqslant R)$,体积为 $w = 4\pi d^3/3$ 的小胶体粒子,这时可供大小粒子做扩散运动的自由体积应该为 $V' = V - 2v - nw$。可是,从图 3.3(b) 可以看出,实际上小粒子并不能跨越大粒子周围半径为 $R+d$ 的球面,也即在大粒子表面形成了一个厚度为 d 的排空层,相当于大粒子的等效体积增大为 $v' = 4\pi(R+d)^3/3$。相应的,实际的自由体积变为 $V'' = V - 2v' - nw$。显然,$V'' < V'$。在统计力学中,一个包含无相互作用粒子的系统的熵与系统内的自由体积等价,也即 $S \propto k_{\mathrm{B}} \ln V$。可见,要想增加体系的熵,就必须要增大 V''。这个目标可以通过大粒子的相互靠近实现:如图 3.3(c) 所示,两个靠近的大胶体粒子可以共享一部分排空层,从而增大了系统的 V'',腾出的空间给小粒子以增大其平动熵。整体上看来正是由于添加小粒子才引起了大粒子相互靠近和凝聚,就如同在它们之间产生了吸引力。如果不存在小粒子的话,大粒子仍然是分散的。所以大粒子的凝聚是由单纯的熵效应引起的,也即排空力本质上是熵力。排空力的产生体现了体系内熵增加的统计趋势,反映了尺寸相差很大的粒子之间基于自由体积的竞争和协同关系。

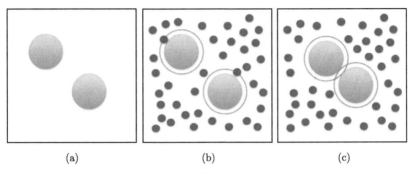

图 3.3 含大小胶体粒子体系内的排空效应

Asakura 和 Oosawa 进一步给出了描述稀溶液和半浓溶液 (体积浓度不超过 40%) 内排空作用的平均作用势 $U(r)$ 依赖于大球之间距离 r 的函数 [4]

$$U\left(r\right) = \Pi\left(\frac{\pi d^3}{6}\right)\left(\frac{\lambda}{1-\lambda}\right)^3\left[1 - \frac{3r}{2R\lambda} + \frac{1}{2}\left(\frac{3}{R\lambda}\right)^3\right] \tag{3.13}$$

这里 $\lambda = 1 + d/R$, Π 是一个与浓度相关且单位为 $k_{\mathrm{B}}T$ 的常数。在 $d < r < \infty$ 范围内对上式做积分,便可得到两个大粒子靠近时的自由能,近似为

$$\Delta G_{\mathrm{depl}} = \Pi\left(1 + \frac{3R}{2d}\right) \tag{3.14}$$

式 (3.14) 表明排空效应的强度可以通过改变粒子的尺寸非对称性来调控。如果 R/d 的数量级为 10,排空势的强度可高达几个 $k_{\mathrm{B}}T$,这与范德瓦耳斯力 ($\sim 5k_{\mathrm{B}}T$) 和氢键 ($\sim 10k_{\mathrm{B}}T$) 相当。可见排空效应在一些软物质体系的结构组织中会起到非常重要的作用。通过向体系中添加小尺寸的分子,可以有效提高该体系内大粒子或大分子的凝聚浓度和速度。例如,向体系内添加低浓度的聚乙烯醇 (PEG) 可以使细胞马达内的肌动蛋白质纤维的自组装速率增快达两个数量级 [5]。

需要指出的是,这里的小胶体粒子也可以是具有复杂拓扑结构的大分子。如果将链状高分子添加到与其没有相互作用的胶体粒子的溶液里面,在每个胶体粒子外围也会形成厚度与高分子链的特征尺寸相当的排空层。当胶体粒子的浓度足够高,表面积足够大时,排空层所占的体积就会十分可观。例如,将均方半径为 50nm 的高分子链加入半径为 100nm 的粒子形成的浓度为 10g/L 的稀悬浮液,1L 这样的悬浮液里面排空层的总体积约为 34cm³。但是若悬浮液的浓度为 100g/L,排空层的总体积甚至能占到体系总体积的 1/3,是非常大的。换句话说,当添加的高分子的浓度非常小的时候,不会影响到胶体粒子溶液的稳定性。随着高分子浓度的增加,排空层体积占比变大,高分子链的构象空间也相应地受到限制。为了释放更大的空间给高分子链,胶体小球就会发生凝聚,产生明显的排空效应。这就是所谓的"排空絮凝"现象,早在 20 世纪 70 年代,德热纳和他的合作者就对这一现象做了非常细致、深入的研究 [6]。与上述含胶体小球的体系相比,这两种体系的排空效应都是熵力造成的,但是该体系引发排空效应的主要是高分子链的构象熵,而非小球的平动熵。

3.3.3　形状定向熵力

定向熵力 (directional entropic force, DEF) 是与粒子形状相关的一种熵力。自然界中的物质有形形色色的形状,例如病毒会呈现多面体形状而大肠杆菌是柱状的。随着合成技术的不断发展,现在可以在很大程度上人工制备出不同形状的粒子,进而利用这些粒子的自组装等手段获得具有微观有序结构组织的新型功能材料。越来越多的研究表明,形状在粒子的微观结构组织中扮演着重要的角色,单纯的形状作用也会诱导一些非球形硬粒子自组织成有序的微观结构,包括液晶、塑晶和准晶等 [7,8]。形状的这种作用实际上是一种熵效应,称为形状熵,形状熵通过定向熵力来发挥作用。所谓定向熵力,是指非球形粒子在形状的诱导下通过协同取向和排列使整个体系取得最大形状熵的一种熵力。例如,多面体胶体粒子在堆积的受限环境中会依据其形状而排列,使得相邻粒子的面与面之间尽可能多地取向一致,从而减少了相互之间的立构排斥。这样,每个粒子都可以获得一定的自由体积,整个体系取得最大化的熵 [9]。硬各向异性粒子间的定向熵力可以通过平均力矩势 (potential of mean force and torque, PMFT) 来定量计算。为了便于理解定向熵力产生的物理基础,这里给出关于平均力矩势较为详尽的推导过程。

对于一个包含任意类型粒子的体系,每个粒子的位置和取向分别用 q_i 和 Q_i 表示,则该体系在正则系综中的配分函数可以写为 [10]

$$Z = \int [\mathrm{d}q] [\mathrm{d}Q] \, \mathrm{e}^{-\beta U(\{q\},\{Q\})} \tag{3.15}$$

式中 U 是粒子间的相互作用势能,$\beta = (k_\mathrm{B} T)^{-1}$。这里我们只对其中的一个粒子对感兴趣,体系中其他粒子都算作这对粒子的背景"海"。在下面的推导中,这两个粒子分别用下标 1 和 2 标记,其余的所有海粒子则用波浪线上标标记。配分函数一般情况下是对体系中的所有微观状态依据其能量权重进行积分。但是若只考虑一对粒子的情况,这个过程可以简化为先将该体系切割成一系列薄片,每个薄片中粒子对的相对位置和取向固定,记为 $\Delta\xi_{12}$,然后再对这些薄片进行积分。若我们选择以 $\Delta\xi_{12}$ 为坐标,那么在二维空间中粒子对有三个标量自由度,在三维空间中则有六个。当然,如果是连续对称的粒子 (例如球形或轴对称),自由度会相应减少。这样我们就可以将配分函数中的粒子对和海粒子分开来积分,即

$$Z = \int \mathrm{d}(\Delta\xi_{12}) J(\Delta\xi_{12}) \, \mathrm{e}^{-\beta U(\Delta\xi_{12})} \int [\mathrm{d}\tilde{q}] \left[\mathrm{d}\tilde{Q} \right] \mathrm{e}^{-\beta U(\{\tilde{q}\},\{\tilde{Q}\},\Delta\xi_{12})} \tag{3.16}$$

其中对海粒子的自由度积分的正式形式为

$$Z = \int \mathrm{d}(\Delta\xi_{12}) J\left(\Delta\xi_{12}\right) \mathrm{e}^{-\beta U(\Delta\xi_{12})} \mathrm{e}^{-\beta\tilde{F}_{12}(\Delta\xi_{12})} \tag{3.17}$$

这里 $\tilde{F}_{12}$ 表示海粒子与粒子对作用对自由能的贡献，J 是将粒子对中粒子的绝对位置和取向转换到相对位置和取向的雅可比矩阵。进一步，通过如下形式隐性地定义粒子对的平均力矩势 F_{12}：

$$Z \equiv \int \mathrm{d}(\Delta\xi_{12}) \mathrm{e}^{-\beta F_{12}(\Delta\xi_{12})} \tag{3.18}$$

将式 (3.17) 和式 (3.18) 右边的被积函数分别取对数后联立，即得到平均力矩势 F_{12} 的正式形式

$$\beta F_{12}\left(\Delta\xi_{12}\right) = \beta U\left(\Delta\xi_{12}\right) - \ln J\left(\Delta\xi_{12}\right) + \beta\tilde{F}_{12}\left(\Delta\xi_{12}\right) \tag{3.19}$$

对于只有排斥体积效应的硬粒子对，上式中右边的前两项可以进一步整合，变为

$$F_{12}\left(\Delta\xi_{12}\right) = -k_{\mathrm{B}}T\ln\left(H\left(\mathrm{d}\left(\Delta\xi_{12}\right)\right)J\left(\Delta\xi_{12}\right)\right) + \tilde{F}_{12}\left(\Delta\xi_{12}\right) \tag{3.20}$$

这里 H 是赫维赛德阶跃函数，用以确保粒子间发生立构排斥时有效作用势为无穷大；$\mathrm{d}\left(\Delta\xi_{12}\right)$ 表示粒子对在相对位置和取向中的最小分离距离，当两个粒子发生交叠时为负，否则为正。

图 3.4 给出了几种形状不同的多面体胶体粒子在不同堆积比 (packing fraction) 时的平均力矩势。可以看出定向熵力的大小可以达到几个 $k_{\mathrm{B}}T$，与范德瓦耳斯力和排空力的大小相当，足以单独驱动粒子自组装成有序晶体结构。其中，多面体的尖角和面处的定向熵力尤为显著，这些面在粒子结构组织中扮演的角色与熵补丁粒子中的补丁[11] 相似，因而被称为熵补丁。图 3.4 还显示体系的堆积比 (密度) 越大，定向熵力也越大。定向熵力的这种密度依赖行为表明它具有涌现性，也即不是单个粒子的本征性质，而是整个体系通过协同而涌现的统计行为，其中粒子的形状特征诱导粒子采取最优化的排列和取向，以最大化体系的熵。

不同因素对定向熵力的贡献可以通过详细分析式 (3.19) 中右边的三项得出。其中第一项源自粒子与粒子间的相互作用，可以是范德瓦耳斯力、静电力等。但是对于硬粒子体系来说，该项仅代表排斥体积效应。第二项是雅可比矩阵的对数，与粒子对的相对位置和取向改变所引发的状态数有关，也即是一种熵效应。第三项仅与海粒子的自由能有关。如果海粒子也是硬粒子，那么就是海粒子的熵贡献。即使前两项不存在，第三项也会驱动粒子形成稠密堆积的结构，这与前述的排空效应非常类似。

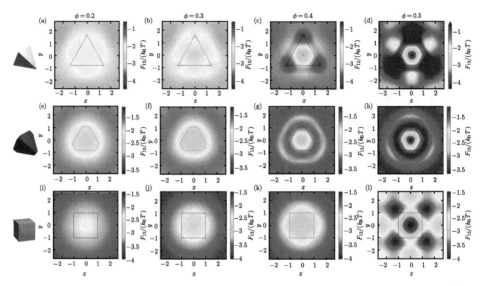

图 3.4   几种形状不同的多面体胶体粒子由平均力矩势表征的定向熵力 (ϕ 为堆积比) [10]

3.4   探寻熵力的统一

熵力根据其所在体系和熵类型的差别有多种表现形式。基本相互作用里面的强、弱相互作用和电磁相互作用可以统一到一个理论模型,那么这些不同形式的熵力之间是否也能够做到这一点?虽然现在尚未有规范的理论框架去统一不同形式的熵力,但是仔细分析一下一些典型的熵力就会发现它们之间的确存在密切的关联。

我们还是从形状的定向熵力出发来讨论这个话题。研究结果表明,定向熵力的平均力矩势表达式 (3.19) 既适用于由相同的多面体粒子形成的单分散体系,又适用于处于由小的海粒子形成的溶液中的多面体粒子。这促使我们重新思考排空效应中排空子 (depletant,也即海粒子) 的尺寸和形状属性。在传统的排空体系中,排空子是尺寸小于胶体粒子的球形粒子,这在许多新型软物质体系中也经常看到。在这些体系中,正是小排空子的熵效应促使胶体粒子堆积和凝聚而形成了一些新颖的有序结构。那么排空子是否必须是小尺寸的球形粒子呢?我们注意到在 Asakura 和 Oosawa 最先提出排空效应概念的工作中,所用体系的排空子是高分子。链状高分子在溶液中的构象形态肯定不是标准的球形,尽管在描述这个模型的时候将它们等效成了标准的球形。另外,Asakura 和 Oosawa 也没有强调排空子的尺寸必须是很小的。尽管前面的理论分析 (式 (3.14)) 告诉我们,排空子尺寸越小,排空力越大,但是这并不意味着排空效应必须出现在排空子尺寸非常小的体系中。实际上,式 (3.14) 还表明排空子的浓度也是一个非常重要的影响因素。排空效应在一些排空子尺寸很大——例如蛋白质分子——的体系中仍发挥着重要的作用[12]。所以，排空子可以是大尺寸的、非球形的粒子。换句话说，即便是在单分散的粒子体系里面，同种类型的粒子也可以看做其中一个粒子对的排空子而促使这对粒子发生凝聚或者堆积。就此而言，许多经典的熵效应都可以视作排空效应，例如：① 柯克伍德 (John G. Kirkwood) 所发展的胶体硬球凝固结晶体系，排空子是胶体硬球[13,14]；② Onsager 理论中的硬棒取向有序转变现象，排空子是各向异性的胶体硬棒或者棒状液晶分子[15]；③ 非球形粒子的形状熵效应，排空子是同样的非球形或者各向异性胶体粒子。当然，还有更多体系中的熵效应和熵力可以归集到排空效应。美国密歇根大学的 Sharon Glotzer 教授将它们总结到了一幅图 (图 3.5) 中，该图中的三个坐标轴分别指示排空子或胶体粒子对的三种物理性质的变化，即形状、尺寸和硬度[10]。

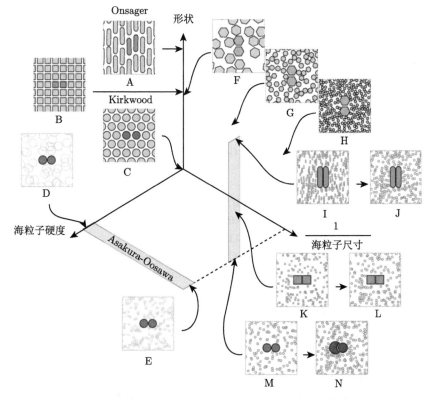

图 3.5 多种不同熵效应和熵力之间的密切关系[10]

如果我们更加深入地分析排空效应，就会发现它在本质上还是渗透压。发生排空效应的体系一般包含了大胶体粒子和对应的排空子，其中大胶体粒子凝聚形成的网络结构，排空子不容易透过但体系内的溶剂分子却可以自由透过，那么对于排空子来说就相当于半透膜。通过大胶体粒子的凝聚，可以提供更多空间给排空子，从而降低了排空子的浓度，也相当于降低了体系内的渗透压和对应的熵自由能。所以在式 (3.14) 中我们用 Π 这一通常代表渗透压的符号来表示与浓度相关的作用强度，就暗含了排空效应的渗透压属性。该式中括号内的部分包含了胶体粒子和排空子的尺寸信息，实际上可以看作对渗透压的一个尺寸依赖的修正项。根据范托夫的渗透压公式 (式 (3.11))，渗透压与浓度密切相关：浓度越大，渗透压就越高。上述几种不同类型的熵力也遵循这一规律，例如形状定向熵力就是随着密度 (堆积比) 的增大而明显变强，胶体硬球体系也是在密度达到无规密堆积点时才发生有序结晶。可见，软物质体系中不同类型的熵力绝大部分都可以统一到最基本的渗透压效应，它们与密度相关的行为正是熵力涌现性的体现。

参 考 文 献

[1] Verlinde E P. On the origin of gravity and the laws of Newton. J. High Energy Phys., 2011, 29.

[2] 郑志刚. 复杂系统的涌现动力学——从同步到集体输运. 北京: 科学出版社, 2019.

[3] Cates M E. Entropy stabilizes open crystals. Nat. Mater., 2013, 12: 179-180.

[4] Asakura S, Oosawa F. On the interaction between two bodies immersed in a solution of macromolecules. J. Chem. Phys., 1954, 22: 1255-1256.

[5] Cleri F. The Physics of Living Systems. Switzerland: Springer, 2016.

[6] de Gennes P G. Polymers at an interface: a simplified view. Adv. Colloid. Interfac. Sci., 1987, 27: 189-209.

[7] Damasceno P F, Engel M, Glotzer S C. Predictive self-assembly of polyhedra into complex structures. Science, 2012, 337: 453-457.

[8] Dussi S, Dijkstra M. Entropy-driven formation of chiral nematic phases by computer simulations. Nat. Comm., 2016, 7: 11175.

[9] Damasceno P F, Engel M, Glotzer S C. Crystalline assemblies and densest packings of a family of truncated tetrahedra and the role of directional entropic forces. ACS Nano, 2012, 6: 609-614.

[10] van Anders G, Klotsa D, Ahmed N K, et al. Understanding shape entropy through local dense packing. Proc. Nat. Acad. Sci. USA, 2014, 111: E4812-E4821.

[11] Zhang Z, Glotzer S C. Self-assembly of patchy particles. Nano Lett., 2004, 4: 1407-1413.

[12] Lekkerkerker H N W, Tuinier R. Colloids and the Depletion Interaction. Dordrecht: Springer, 2011.

[13] Kirkwood J G, Maun E K, Alder B J. Radial distribution functions and the equation of state of a fluid composed of rigid spherical molecules. J. Chem. Phys., 1950, 18: 1040-1047.

[14] Wood W W, Jacobson J D. Preliminary results from a recalculation of the Monte Carlo equation of state of hard sphere. J. Chem. Phys., 1957, 27: 1207-1208.

[15] Onsager L. The effects of shape on the interaction of colloidal particles. Ann. NY Acad. Sci., 1949, 51: 627-659.

第 4 章 强 熵 效 应

本章主要阐述强熵效应的概念和性质。首先介绍自由能中能与熵的竞争与平衡关系；在此基础上，分析一些高熵体系的特征，进而提出强熵效应的概念并阐述其意义；最后通过列举典型的体系和现象详细说明强熵效应的重要性质。

4.1 自由能中的能与熵

根据热力学第二定律，在与外界无任何相互作用的热力学系统，即所谓的 "孤立系统" 中，熵只增不减，用以判别系统某一变化过程是否可行，而熵之极大值足以确立平衡态。换句话说，熵决定系统演变的方向和平衡条件，即熵是平衡的判据。但在许多实际问题中，需要考虑的往往是被一个恒温热库所包围的并与之有热交换的封闭系统。对于这类封闭系统，作为平衡判据的热力学函数，就不是熵而是自由能。平衡条件可分别归结于自由能 $F(F = U - TS)$ 为极小值 (V 保持恒定)，或者吉布斯自由能 $G(G = U + pV - TS)$ 为极小值 (p 保持恒定)。这里 U 是体系的内能，V 是体积，p 是压强。值得强调的是，通常实验室的条件接近于封闭系统，即封闭于周围环境构成的热库之中，因而其平衡条件都是以自由能 (或吉布斯自由能) 为极小值。本章中我们将 TS 称为熵自由能，它和焓实际上都是吉布斯自由能的组成部分，这里只是为了表述方便，并无其他含义。

常温下降低体系自由能的途径有两条，即降低内能和增加熵。正是能与熵的竞争和平衡决定了系统的自由能和所处的状态。自由能公式更是直接表达了这样的事实，平衡乃是能与熵之间竞争的结果，温度 T 决定着这两个因素之间的权重。在绝对零度 ($T = 0K$，实际上不可达) 时，即没有热运动参与的情况下，$F = U$，自由能纯粹取决于内能，完全由相互作用决定，即系统必须满足内能极小的条件。在 $T \neq 0K$ 的情况下，能、熵二项皆存，相互竞争。一般来讲，若能量占优，系统为低熵状态和低能状态；而反过来，相应第二项 TS 的贡献就越来越大，甚至超过能量的贡献起主导作用，此时系统处于高熵状态。

简单地说，能量是有序结构的支柱，而熵则是无序结构的靠山，因而从无序向有序转变只能发生在有序过程中降低的能量要多于因为熵减少所升高的熵自由能的情况下。就此而言，有序过程应该是能驱动的。在很多情况下，这么理解没问题。但是，我们在本书第 2 章中已经强调和详细分析过，这里所说的有序一般是指直观上可观测的有序，例如结晶体系里的各向异性的、周期性的微观结构组织。直观上可观测的有序并不总是对应微观状态数少的情况，也即统计力学熵 (玻尔兹曼熵) 小的情况。事实上，在一些体系里面，直观上的结构组织越有序，微观状态数反而会越多，因此直观的有序是可以通过微观状态数的增加 (熵的增加) 来实现的。也即，这些体系里面有序转变的过程有可能不是能驱动的，而是熵驱动的。进一步说，能和熵并不总是将体系的结构引向有序和无序两个截然相反的方向，有些熵占优的体系仍然可以发生熵致的无序–有序转变。需要强调的是，熵致有序不是特例，而是微观结构组织的一条极为重要的途径，有其规律性，这也是本书重点关注的内容之一。

熵致有序一般发生在高熵态或熵占优的体系里面。这里我们考虑一个很有意义的极端情况，就是完全由熵驱动的结构转变。那么，什么样的体系的结构组织会完全由熵自由能决定呢？要满足这个条件，就意味着其内能的变化应该仅由温度的高低来决定，而不会随着体系的密度变化而改变，也即当体系在恒温下发生结构转变时内能始终保持不变。为了更深入地探讨这个问题，我们从经典的 N 体相互作用的配分函数入手来对该体系的内能和熵做理论分析 [1]。对于这样的体系，其配分函数 Z 应该可以拆解成两部分，即温度 T 依赖的部分和密度 ρ 依赖的部分。Z 记为

$$Z = \frac{1}{h^{3N}N!} \int \cdots \int \mathrm{d}p^N \mathrm{d}q^N \exp\left[-\beta H\left(p^N, q^N\right)\right] \tag{4.1}$$

这里 $\beta = (k_\mathrm{B}T)^{-1}$；$H\left(p^N, q^N\right)$ 表示体系的哈密顿量，是动量 p^N 和坐标 q^N 的函数。对于粒子体系，哈密顿量 H 是体系内粒子动能 $K\left(p^N\right)$ 和势能 $U\left(q^N\right)$ 的总和。对上式中的动量进行积分，就可以得到配分函数中仅依赖于温度的因子，而余下的则是仅与粒子的分布相关的那一部分，也即

$$Q = \frac{1}{N!} \int \cdots \int \mathrm{d}q^N \exp\left[-\beta U\left(q^N\right)\right] \tag{4.2}$$

一般而言，Q 是 N、V 和 T 的函数。这里我们只对 Q 不依赖于 T 的情况感兴趣。这看上去似乎是不可能的，因为 Q 依赖于 β。但是，有一种情况例外，那就是硬球势 (hard-core potential)。如图 4.1 所示，这种势能函数在粒子间没有相互接触时是 0，但是一旦发生接触就变为无穷大，也即产生排斥体积效应。这与描述分子间相互作用的 Lennard-Jones 势和纯排斥作用的 Weeks-Chandler-Andersen 势不同，它们虽都有依赖于位置的势能变化，但不像硬球势那样在接触位置有阶跃性的突变 (图 4.1)。

对于硬球势，不难计算出系统内与密度相关的能量 U 的平均值为

$$\langle U \rangle \equiv -\frac{\partial \ln Q}{\partial \beta} = 0 \tag{4.3}$$

可见，硬球系统的平均能量应该仅等于平均动能 $\langle K \rangle$，也即只是温度的函数。由于恒定温度下硬球系统的内能保持不变，所以任何结构转变完全是由熵效应驱动，

且沿着体系熵增加的方向演变。具有硬球势的体系可以作为一类模型体系来探究纯熵效应导致的结构转变行为及其物理性质，例如前面几章讨论过的一些球状或非球状的硬粒子体系。

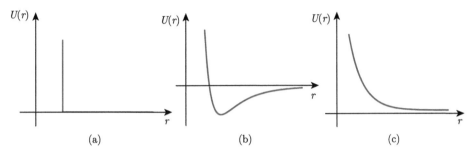

图 4.1 几种不同的相互作用势函数：(a) 硬球势；(b) Lennard-Jones 势；
(c) Weeks-Chandler-Andersen 势

4.2 高熵体系与强熵效应

在某个系统中，熵越高，则状态数越多。状态数越多，表面上就意味着越 "动荡"。这似乎与人类对规则与有序的向往背道而驰。因此，在对熵概念及高熵状态有深入的认识之前，许多领域的研究者并不希望所研究的系统具有过高的熵值。但是，近年来越来越多的研究表明，处于高熵状态的体系有可能具有独特的结构和物理性质。特别是在一些传统的能量占优的体系里面，理解和开发其高熵状态，对于发展一些新型的功能材料来说有着极为重要的意义。

这里我们先突破软物质的概念范畴谈一个不同的领域，就是金属和无机材料里面非常重要的新兴前沿研究领域——高熵合金。高熵合金是 21 世纪初才问世的新型金属材料 [2,3]。其定义主要有两种：基于成分的定义和基于混合熵的定义。基于成分的定义认为高熵合金是包含 5 种或以上的主要元素，且每种主要元素的摩尔分数介于 5% 和 35% 之间的一类合金 [2]。假定体系里面包含 n 种元素，且每种元素的浓度为 c_i，则体系里的所谓混合熵可以计算为

$$\Delta S_{\text{conf}} = -R\left[c_1 \ln c_1 + c_2 \ln c_2 + \cdots + c_n \ln c_n\right]$$
$$= -R \sum_{i=1}^{n} c_n \ln c_n \tag{4.4}$$

其中 R 为摩尔气体常数，具体为 8.31J/(K·mol)。基于上式，5 组元物质在各组元摩尔分数相等时混合熵取得极大值，为 1.61R。因此，基于混合熵的定义直接将混合熵作为高熵合金分类的依据，并且将混合熵高于 1.61R 的合金定义为高熵合

金。同时该定义根据混合熵的高低将其余合金分为中熵合金 (混合熵介于 $0.69R$ 和 $1.61R$ 之间) 和低熵合金 (混合熵低于 $0.69R$) [3]。

尽管高熵合金诞生至今时间较短, 因其具有多种优异性能, 特别是具有优异的力学性能、优异的催化和抗辐照等性能而受到广泛关注。相关研究人员将这些优异的性能总结为四大核心效应, 即高熵效应、晶格畸变效应、迟滞扩散效应和鸡尾酒效应 [3]。高熵效应是指由于高熵合金中多元素的混合, 固溶体的混合熵较高, 固溶体的自由能降低, 使得与形成金属间化合物相比, 更加倾向于形成单相固溶体; 晶格畸变效应是指由于高熵合金固溶体中有大量大小不一的不同原子, 固溶体的晶体结构的畸变较大; 迟滞扩散效应是指在高熵合金中, 由于不同元素的原子大小不一, 合金中没有顺畅的原子扩散通道, 同时由于在晶格中各个位置的局域环境不一, 原子可能在其中一些位置处于能量较低的状态, 从而陷入了能量的陷阱中, 需要较高的激活能才能脱离, 从而使得合金中原子的扩散系数较低; 鸡尾酒效应指高熵合金中各元素共同影响合金的整体性能, 通过选取合适的合金元素, 并通过合金元素之间的相互作用, 可以得到具有超过单质元素性能平均值的高熵合金。鸡尾酒效应提供了获得并调控具有优异性能的新型高熵合金的可能性。

从高熵效应和晶格畸变效应看, 高熵合金通过增大体系的熵值大大增多了体系的微观状态数, 从而改变甚至破坏了金属的晶格结构以达到材料的非晶化。同时, 熵的提高降低了体系的自由能, 使得合金的结构更加稳定, 进而在一定程度上弥补甚至提高了材料的力学性能。当然, 将多种组元的原子混合在一起提高了它们之间的混合熵的同时, 还会改变原子自身的振动熵或平动熵。按照我们在第 2 章中对胶体硬球凝固结晶过程中熵的分析, 当粒子处于平均分配空间的有序结构时, 体系的振动熵最大。有序结构遭到破坏和非晶化以后, 会产生局部阻塞 (jamming) 的玻璃态, 此时会在一定程度上损耗其振动熵或平动熵, 导致迟滞扩散效应。因此, 此类合金体系总的熵值不仅包括原子间的混合熵, 还应该考虑原子的平动熵或振动熵。鸡尾酒效应所指的高熵合金会产生超过单质元素平均值的性能, 恰好是熵效应涌现性的体现。有关熵的涌现性我们在第 3 章介绍熵力的特征时已经较为详细地阐述过。

值得一提的是, 为了表征高熵合金中熵和焓效应对固溶体热力学稳定性贡献的相对关系, 北京科技大学张勇教授定义了一个新的判据, 即 Ω 判据 [4]:

$$\Omega = \frac{T_m \Delta S_{\mathrm{mix}}}{|\Delta H_{\mathrm{mix}}|} \tag{4.5}$$

其中 ΔH_{mix} 是混合焓; $\Delta S_{\mathrm{mix}} = \Delta S_{\mathrm{conf}}$; $T_m = \sum\limits_{i=1}^{n} c_i (T_m)_i$, $(T_m)_i$ 是第 i 种元素的熔点。图 4.2 给出了几种合金的 Ω 值与混合焓 ΔH_{mix} 和平均原子尺寸差 δ 之间的关系。当 $\Omega = 1$ 时, 熵效应与焓效应的贡献相同, 可以看作固溶体形成的

临界值；当 $\Omega > 1$ 时，熵效应主导了结构的形成，体系处于高熵态，合金形成固溶体；当 $\Omega < 1$ 时，体系的主导因素变成焓效应，此时没有固溶体形成。Ω 定量地给出了熵、焓对体系微观结构组织的相对贡献程度，或许可以推广到更加广泛的体系中。

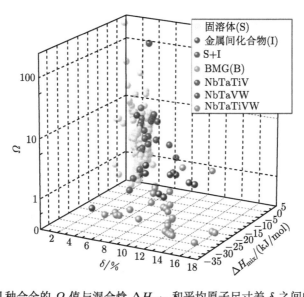

图 4.2 几种合金的 Ω 值与混合焓 ΔH_{mix} 和平均原子尺寸差 δ 之间的关系 [4]

高熵合金的出现为研发具有优异性能的新金属材料提供了全新的设计范式，并因其广阔的成分调控空间而具有极大的发展潜力，已成为材料科学极为重要的前沿研究领域。的确，高熵概念还进一步在钙钛矿、尖晶石、岩盐和萤石类氧化物陶瓷材料中得到了应用 [5]。与此同时，高熵碳化物方面的研究也逐渐崭露头角。各类高熵相关的研究也随之不断涌现 [6]。实际上，相对这些硬物质而言，软物质体系是更为典型的高熵体系，大部分的软物质体系实现高熵状态既不需要多种组分的合金化，又不需要特殊的分子设计，其自身便是高熵态的。软物质的基本特性，按照德热纳的概括，在于其复杂性 (complexity) 和易变性 (flexibility)。本质上，这两个基本特性主要源于熵。

所谓复杂性主要有三层含意：一是构成软物质的基元多数是化学结构颇为复杂的链状或者拓扑状分子或分子集团，远比无机材料的单原子或多原子组成的简单分子复杂。例如，高分子是由单体聚合而成的长链结构，链内的单键内旋转会使一条链呈现不同的构象态。由于高分子链的聚合度一般都比较大，所以构象态的数目非常多。举个例子，对于一条聚合度为 1000 的链，其总的分子链内旋转异构态数目高达 $3^{(1000-2)} \approx 10^{476}$ [7]，要知道宇宙中包括质子和中子在内的所有重子

的总数才有 10^{80} [8]。正是如此巨大的状态数使高分子链具有非常可观的构象熵。二是这些基元本身具有不同的物理化学性质，例如，高分子链根据其聚合单体的不同会呈现出不同的柔顺性，这会大大影响其构象行为和构象熵 [9]；胶体粒子会有不同的形状，从而引发基于形状的定向熵力 [10]；自然界中的病毒和细菌也都有不同的形状，相应的熵效应会促进其生物物理功能的实现 [11]。三是由这些分子或基元自组织或自组装形成了各种复杂结构，如蛋白质分子的折叠、表面活性剂分子在溶液中形成的单连通和多连通结构、嵌段共聚物的奇妙结构和胶体悬浮液中胶体颗粒聚集形成的凝聚态结构等。在这些结构的形成过程中，都伴随着不同类型的熵效应的印迹。当然，最终的结构是熵与能竞争和平衡后的结果。例如，蛋白质分子从一维无活性的多肽链折叠成为具有活性的三维结构蛋白质组织的有序化过程就反映了内能与熵的竞争，科学家绘制的这个过程的能量地形图对二者较量的过程作了很好的说明 (图 4.3) [12]。如图 4.3 所示，其中水平方向的平面代表由链的构象熵决定的因素，而垂直于该平面的方向则代表链内不同基团间相互作用能的大小。最上面的平面对应未折叠的状态，构象熵最大；能量地形图最低处的点代表有序度最大、自由能最低的自然折叠态 (native state)；而局部的极小值点则代表了亚稳态的结构。在蛋白质的一维多肽链折叠成为活性的三维蛋白质结构的过程中，由于链的自由度降低，系统的构象熵逐渐变小。为了使系统的自由能变小，必须通过内能的减少来补偿，最终达到了二者平衡后的唯一状态——自然折叠态。

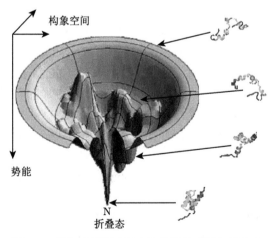

图 4.3　蛋白质折叠过程中的能量地形图与链构象

　　所谓易变性指的是软物质表现出来的对外界影响的特别敏感性，即我们常说的 "弱刺激、强响应"。与固体硬物质相比，其形状容易发生变化：一方面容易受温度的影响，熵作用特别重要，而熵是刻画系统微观状态数的物理量，因而软物质相状态数或结构不确定性的改变特别明显；另一方面容易受外力的影响，其结构或聚集体在外力作用下往往会发生明显的变化，并有可能导致材料性质发生根本的变化。软物质的这种特征表明其内部独特的相互作用形式，即以非共价键的弱相互作用为主，而不是共价键等强相互作用。非共价键的吸引力较弱，因此很小的力就可以将它打断。非共价键类型的弱相互作用主要包括离子键、氢键、疏水相互作用和范德瓦耳斯力，一般量级在 $1\sim5\text{kcal/mol}$，与热涨落的能量单位 k_BT 同一个量级。相比较而言，硬物质晶体里面相互作用的典型单位为 eV，约为 $40k_BT$，而共价键的强度则更高，为 $50k_BT\sim100k_BT$。软物质体系的这种弱相互作用使得与熵相关的效应不可忽视，甚至主导结构的形成和转变过程，体系因而较易处于高熵态。例如，天然橡胶分子的 200 个碳原子中，只要有一个与硫原子发生作用，就会使天然橡胶汁从液体变成具有弹性的固体，其根本原因是通过限制链间的滑移增强了高分子链的构象熵效应，使其主导了微观结构改变和宏观力学性能。软物质的这一由于受到外界微小的作用力而发生巨大状态变化的特点，犹如雕塑家用拇指轻压就能改变黏土的外形一般，是其高熵态的体现。

从上面的论述可以看出，无论是金属合金还是软物质体系，当其处于高熵态时，就可能具备一些新奇的结构和性能。其主要的原因还是能量和熵对体系结构组织影响方式的巨大差异：一个是从微观局部入手，目标是使结构变得"规则"；另一个则是从宏观整体出发，目标是增加体系总的微观状态数。如果熵占优，体系就会更多地通过涌现方式呈现一些单纯微观基元不具备的，或者能作用不具备的新结构和性能。例如，金属高熵合金所具有的优异力学、催化和抗辐照性能，以及软物质体系所具有的弱刺激、强响应行为等。可见，在能与熵的交缠和较量之中，熵开始占优后的情况尤为独特和重要。所以，我们将体系在不同宏观状态之间变化时自由能中熵变的大小超过焓变时涌现出新结构和性能的行为，统称为强熵效应，其英文表达为 "superentropic effect" [13]。相应的，具有强熵效应的软物质体系称为强熵体系。在到达强熵效应之前，熵效应主要扮演能作用的制衡角色。但是，当体系处于强熵效应状态后，熵效应转而成为结构组织的主导角色，体系的结构形成和演变也相应地呈现与熵相关的一些性质，如统计宏观性、涌现性和熵增单向性等。

定义强熵效应对于软物质体系来说是非常必要的，因为大部分的软物质体系本身就处于高熵状态，但其中熵效应却未必占据主导地位。将熵效应占据主导地位的体系划归一类、统一起来研究，可以使我们找到它们之间的关联和共通点，从而更加深入地探寻和总结对应的规律。强熵效应的定义不但区别于传统的高熵状态，而且还暗含了体系从"弱"熵转变为强熵的变化过程，如何实现这一变化，也即如何制造强熵体系和调控强熵效应，是软物质科学研究领域的重要课题之一。例如，橡胶材料在玻璃化温度以上时结构由熵主导，呈现高弹态；但是在玻璃化温度以下则变成由高分子链间的相互作用能主导，因而不具有强熵效应。强熵效应还区别于纯熵效应，如我们在 4.1 节中谈到的具有硬球势的纯熵体系，其结构形成和演变完全由熵驱动，相对简单干净。与此相比，强熵效应中虽然熵占主导地位，但是能的贡献也是不可忽略的，二者的交缠使得结构组织更加复杂，当然也可能导致更多的新结构和性能产生。充分认识强熵效应可以帮助我们深入理解软物质体系一些复杂的实验现象背后所蕴含的热力学本质；可以为我们发展新的软物质功能体系和基于熵的软物质体系调控策略提供新的路径和范式；也可以促进基于强熵效应的统计物理和软物质物理新理论的建立和发展，因为熵本来就是统计力学和统计物理理论的核心概念。

4.3　强熵效应的特性

在本节，我们通过列举一些典型的体系和现象，详细阐述强熵效应的重要特性。

4.3.1　强熵效应往往伴随反直觉性

封闭体系所处的平衡状态决定于其自由能，自由能则包括能量贡献和熵贡献，二者作用于微观结构组织的方式完全不同。正如我们在第 3 章中所讨论的，基本相互作用，例如范德瓦耳斯力、氢键和静电作用等，都是通过微观的原子或分子间的相互作用实施，有着确定的作用模型和势场，因而人们对于这些基本相互作用能或者力的作用方式和结果有着非常直观且确定的理解和把握。但是，熵是统计意义的概念，一个系统所表现出来的熵效应是根植于整个系统的状态空间的，是一个系统的宏观或者整体行为，并没有微观层面的意义，而且熵效应的作用结果总是促使体系向熵增的方向演变。在能量主导的体系中，我们可以通过调控微观的相互作用直接获得想要的结构，其组织方式和演变过程也可以根据其具体的微观相互作用直观地去分析和理解，有迹可循。然而在具有强熵效应的体系中，即便同样地去调控微观的相互作用或者体系的参数，自由能的改变却由熵效应主导，这时的体系状态首要的是满足熵增的需要，与直觉或者期待的结果往往不一致，这就产生所谓的反直觉性。

为了更清晰地阐明强熵效应中的反直觉性，这里举两个例子。一个是纳米粒子/嵌段共聚物纳米复合体系的多级自组装 (hierarchical self-assebly) 结构。嵌段共聚物是将两种或两种以上性质不同的聚合物链段连在一起制备而成的一种特殊聚合物。通过调节此类聚合物的分子构筑，可以获得种类丰富的纳米尺度有序自组装结构，例如层状、柱状、球状等。如果向该体系中添加对某一相区有较强亲和力的纳米粒子，这些有序结构就可以作为模板来引导纳米粒子的自组装，从而形成纳米尺度有序的新型聚合物基纳米复合体系。此类纳米复合体系的性能与纳米粒子在嵌段共聚物相区内的空间分布密切相关。通过发展相应的理论计算模型，科学家们发现小尺寸 (例如，$R = 0.2R_0$，R 和 R_0 分别为粒子的半径和聚合物的根均方旋转半径) 的纳米粒子会处在相区与相区之间的界面上；但是，如果增大纳米粒子的尺寸到 $0.3R_0$，纳米粒子却出乎意料地聚集到了每个相区的中间 (图 4.4(a)) [14]。有意思的是，仅仅是改变了纳米粒子的尺寸，而相关的相互作用都保持不变，就可以引起纳米复合体系多级结构的明显改变。那么这种现象背后的机理是什么？如图 4.4(b) 所示，聚合物链与纳米粒子之间的亲和作用使其倾向于包覆纳米粒子以降低体系的能量，所以小尺寸粒子会被 "拽到" 相区的界面上。但是，聚合物链要包覆大尺寸纳米粒子的话，就会引发链的伸展而大大降低其构象

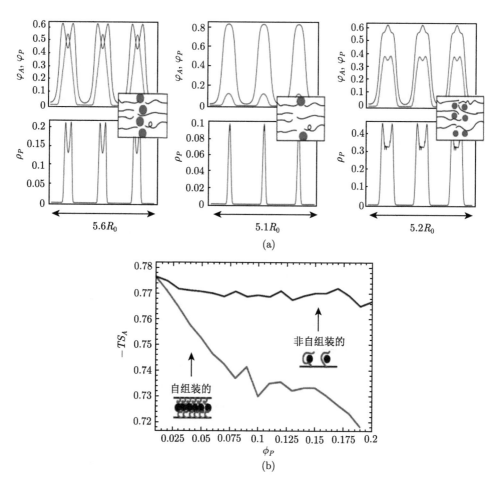

图 4.4　熵效应介导的嵌段共聚物纳米复合体系自组装多级结构 [14]

熵。当纳米粒子增大到一定尺寸后，由于构象熵减少所导致的熵自由能升高就有可能强过体系能量的降低，从而占据主导地位。此时纳米粒子转而分布在相区中间，这样虽然体系的能量会升高，但是熵自由能却大大下降，整个体系的自由能也降低了，相区中间分布的结构因而可以稳定存在。可见，归根结底还是由聚合物链的构象熵所引发的强熵效应导致的结果。这种强熵效应对于理解和调控聚合物基纳米复合体系中纳米尺度基元的空间分布和分散状态有着重要意义 [15,16]。

另外一个例子也是有关聚合物纳米复合体系的，由夹在上下两个基板间的均相聚合物以及分布在其中的纳米粒子构成 [17]。其中，聚合物与基板间存在吸引作用。纳米粒子与聚合物也存在一定的吸引，但与基板间没有除排斥体积效应外的任何作用，因而初始时可以均匀分散在聚合物基体中。当该体系的温度升高时，纳米粒子意外地在基板处形成了有序结晶层 (图 4.5)。因为我们直觉上认为结晶一般都发生在体系降温的时候，而该体系却在升温的时候出现了结晶，颇为有趣。体系处在低温的时候，纳米粒子与聚合物链间的亲和相互作用占据主导，使得纳米粒子均匀分散在聚合物基体中。然而，随着温度升高，链的吸附比例降低，二者之间的相互作用被削弱。在第 3 章中我们已经提到，在靠近基板表面处会存在由高分子链的构象熵效应所引发的排空层，因而摆脱掉聚合物吸引作用的纳米粒子会在此富集，并且产生堆积结晶，腾出的本体空间给聚合物链以使其获得更大的构象熵。可见，熵效应转而主导了该体系的状态，纳米粒子逆温结晶的过程是强熵效应的结果。

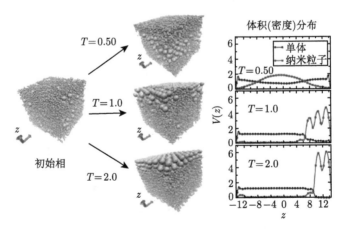

图 4.5　聚合物排空力诱发的纳米粒子逆温结晶 [17]

4.3.2　能量介导的涌现行为

强熵效应中熵变主导了自由能的变化，因此体系会在更大程度上表现出熵效应的一些特征，其中比较重要的一点就是熵的涌现性。涌现性可以使体系产生单元本身所不具有的新状态和行为。但是即便熵占据了主导地位,有些体系里面能量的贡献仍然是不可忽略的,二者的交缠增加了涌现行为的复杂性。一方面,与完全没有能量贡献的纯熵体系相比,相互作用能的存在相当于给熵效应提供了相应的限制条件,使得体系的熵只能在相互作用的限制下取得最大化。另一方面,基本相互作用的存在有时也相当于给熵效应搭建了一个平台,使得熵力的涌现性可以借助这个平台发挥作用。因此,强熵效应中的涌现行为相较于纯熵体系和能量占优的体系更显复杂,当然也可能导致一些更为新奇的状态和行为。下面我们就举例说明这一点。

我们在第 2 章讨论胶体硬球的凝固结晶时已经提到,均匀表面的球形胶体粒子在无规密堆积点开始结晶成六边形排列的有序结构,这个过程是纯熵驱的,即完全由粒子的振动熵驱动完成。如果对这些胶体粒子的表面进行化学修饰,进而在粒子间引入定向相互作用势,那么组装结构会发生什么样的改变?有意思的是,科学家们发现在胶体球表面引入如图 4.6(a) 所示的三嵌段补丁后 (其中黑色补丁间和白色补丁间分别有较强的亲和力),这些胶体球在二维平面内不再形成经典的六边形晶体结构,而是排列成更加开放和松散的 Kagome(笼目) 格子晶体 [18]。后来,通过对同样的体系进行计算机模拟也得到了这种独特的胶体晶体结构 (图 4.6(b)) [19]。

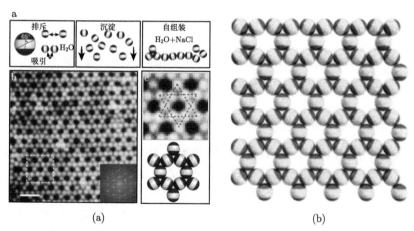

图 4.6   三补丁胶体粒子自组装形成的 Kagome 结构:(a) 实验结果 [18];(b) 模拟结果 [19]

与表面均相的胶体球相比,相邻的三嵌段补丁粒子的同种补丁间会产生定向相互作用,如同在它们之间形成了 "键"。由于断键 (也即同种补丁不再接触) 会引发体系能量的剧烈升高,这些补丁粒子的自由度和状态空间就限定在由这些键搭建的框架基础上。于是,相较于均相胶体球,三嵌段补丁粒子的一个自由度变得非常重要,也即在没有引起断键的前提下的粒子旋转自由度,如图 4.7(a) 所示。

实际上，均相小球也有旋转自由度，但是其旋转不受各向异性作用限制，因而对应的旋转熵不变，对体系自由能的变化也构不成影响。但是三嵌段补丁粒子的旋转自由度却会受到键的严重影响，随着键数目和位置的变化而改变，对应的旋转熵可能有比较大的变化。如图 4.7(b) 所示，如果这些补丁粒子仍然排列成六边形密堆积结构，那么每个补丁粒子周围会形成 6 个键，其中 4 个位于粒子的两极附近，另外 2 个在赤道上。但是如果是形成 Kagome 格子，则每个补丁粒子仅有两极附近的 4 个键 (图 4.7(c))，所受的限制变小，因而会产生更大的旋转自由度和旋转熵。的确，理论分析结果表明，在形成 Kagome 结构后，三嵌段粒子由于旋转熵增加而降低的自由能完全可以补偿因为键数目减少而引起的能量升高，Kagome 结构因而得以稳定 [20,21]。值得一提的是，这种新奇的组装结构正是在能量搭建的框架基础上，由强熵效应涌现而来。

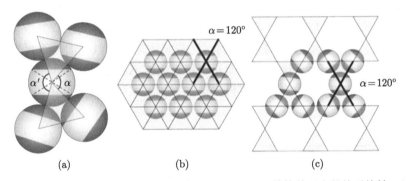

图 4.7　三补丁胶体粒子的成键和旋转自由度：(a) Kagome 结构单元内的粒子旋转；(b) 六边形密堆积中的键；(c) Kagome 晶体格子中的键和粒子旋转 [20]

4.3.3　受限空间或者极端条件容易诱发强熵效应

在 4.1 节中我们谈到，具有硬球势的体系，无论是球形还是非球形的多面体粒子，都可以产生纯熵驱动的结构有序或者结晶。如果稍加注意就会发现它们都有一个前提条件，就是体系必须被压缩到一定的堆积程度才能发生熵致有序。例如，胶体硬球必须在被压缩到无规密堆积点 (体积分数为 0.64) 时才能产生振动熵驱动的有序化，在此之前则为无序流体。的确，空间受限、极端条件 (高温、高压) 以及某些非平衡条件容易增强体系内的熵效应，其中的原因主要有两个。第一个原因与熵力产生的条件有关。任何导致因熵减而偏离系统能达到的最大熵的作用都会引发系统回到其最大熵时的统计趋势，进而产生熵力，一般来说，偏离程度越大，对应的熵力也越大。受限空间和极端条件都可能大幅度减小基元的状态空间，使其偏离最大熵状态进而产生熵力，以驱动体系从暂时的非平衡态演变到平衡态。这个过程中相互作用能变化不大甚或升高，但熵效应主导了结构的形成，体系因而表现出强熵效应。第二个原因与熵力的涌现性有关。在 3.4 节我们谈到，软物质体系中不同类型的熵力绝大部分都可以统一到最基本的渗透压效应。根据范托夫的渗透压公式，系统密度 (浓度) 越大，渗透压就越大，亦即熵力越大。这种与密度相关的行为正是熵力涌现性的体现。空间受限和压力堆积等都可以增大体系的密度，进而引发更强的熵力并最终导致强熵效应。这就不难理解为什么美国科学家 Sharon Glotzer 教授认为早期的生命有可能是由于地球当时的极端环境导致了某些局部体系里增强的熵效应而涌现出来的。

这方面我们举的第一个例子是空间受限诱发的，与高分子链构象熵有关的强熵效应。该体系包含两种类型的合成高分子：一种是由主链骨架和连接在主链上的众多长支链构成的柱状高分子刷；另一种是尺寸相对较小的星状多臂高分子[22]。这两种高分子都位于溶剂的表面，但是高分子刷的支链因为有较强的亲水性而处于溶剂中。如图 4.8(a) 所示，由于这两种高分子间存在一定的排斥作用，开始时会在溶剂表面上发生相分离，形成各自的相区。但是，略微压缩表面的面积后，就会惊奇地发现所有的相区都消失了——这两种本不相容的高分子在溶剂表面上完美地分散在了一起。而且，将表面的面积恢复到原来的大小后，体系又回复到原来的相分离状态，可见这个过程是可逆的，预示着该体系在制备力学响应的新材料和器件方面有着潜在的应用价值。图 4.8(b) 中的示意图解释了相关的机理。在初始的相分离状态中，高分子刷的支链可以自由地分散在溶剂中。但是，表面的面积压缩后，长支链间变得相互拥挤排斥，其构象空间明显变小，构象熵也相应地减小，进而引发体系熵自由能升高。表面的面积持续压缩到一定程度后，星状高分子转而插

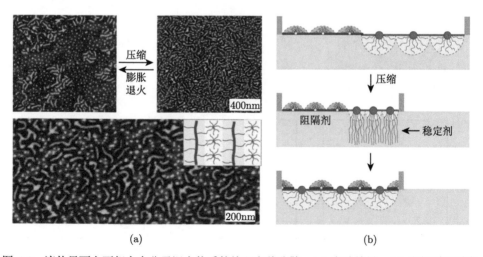

(a)　　　　　　　　　　　　(b)

图 4.8　流体界面上不相容大分子混合体系的熵驱完美分散：(a) 实验结果；(b) 空间受限诱发构象熵力示意图[22]

入高分子刷之间，使得高分子刷的支链获得更大的构象空间。这种状态下，虽然两种高分子的相互作用能由于接触面积增加而提高了，但是高分子刷支链的构象空间增大所导致的熵自由能下降却足以弥补能量的升高，因而体系得以形成稳定的完美分散状态。可见，完美分散状态的出现归根结底源于受限空间所诱发的强熵效应。

第二个例子还是与纳米粒子/嵌段共聚物纳米复合体系的多级自组装结构有关。前面已经提到，纳米粒子尺寸改变所诱发的嵌段共聚物链强熵效应可以引导纳米粒子在聚合物相区内的空间分布，使得小粒子倾向于分布在相区之间的界面上，而大粒子则处于每个相区的中间。但是如果我们向这种含有大粒子的复合体系施加垂直于相区方向的应力，改变其平衡态，就会发现很有趣的变化：如图 4.9 所示，原本处于相区中间的纳米粒子随着压力的增加逐渐向界面处迁移，直到最后完全分布在界面上；并且该变化是可逆的，将体系的压力逐渐松弛到原来的状态后，纳米粒子又重新回到了相区中间 [23]。采用场论方法可以计算出这个过程中熵自由能和焓的变化。如图 4.10 所示，随着体系压缩比 λ 的增加，相区内自由能的最低点逐渐从中间转移到了界面上。这个过程中焓变化很小，但是熵自由能却变化很大。$-TS$ 的变化与总的自由能的变化如出一辙，表明施加压力后熵自由能仍然主导了结构的形成。那么施加压力后熵效应到底发生了什么样的变化呢？我们借助图 4.10 中的示意图来解释这一点。尽管在没有压力时聚合物链为了获得更多的构象熵而将大粒子排除到了相区中间，但是大粒子周围的聚合

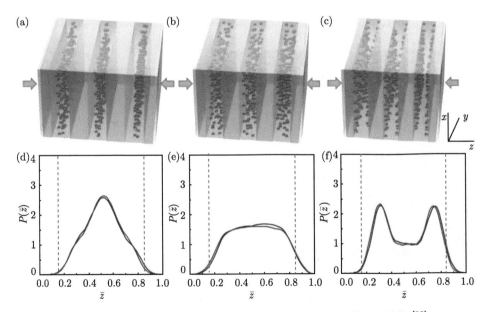

图 4.9 压力诱发的嵌段共聚物纳米复合体系响应性自组装多级结构 [23]

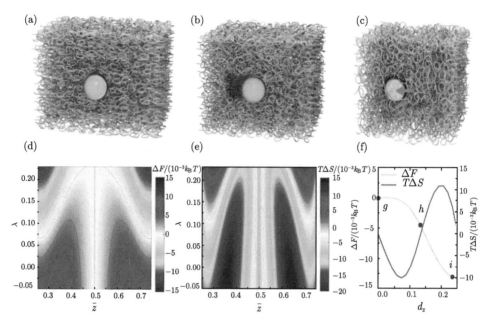

图 4.10 嵌段共聚物纳米复合体系应力响应性自组装多级结构中的强熵效应 [23]

物链的构象空间相较于远离粒子的链还是要小。如果进一步压缩相区的空间,大粒子周围的链的受限程度会更大。每条高分子链都可以视作一根熵弹簧,当弹簧受压时会倾向反弹出去,进而利用对纳米粒子的包覆增加其熵收益,同时也将纳米粒子"拽到"了相界面上。可见,在压力作用下该体系产生了与没有压力时作用效果正好相反的强熵效应。

需要注意的是,有些受限空间和极端条件是在体系演变过程中产生的。例如,在大分子体系的结晶过程中,随着晶区的不断增长,就可能形成微纳米尺度下局部受限的环境,进而诱发强熵效应。因此,这种体系的结构演变一开始是能量主导的,而后却逐渐过渡到了熵主导。

4.3.4 强熵效应依赖于结构单元的本征性质

软物质体系结构组织单元呈现出多样的物理本征性质,例如高分子链的长度和柔顺性,粒子的形状、尺寸和软硬度,等等。在相同的环境中,随着组织单元这些本征性质的改变,其呈现出来的状态数可能会有很大差异,因而会在很大程度上影响熵效应。以高分子链的柔顺性为例,高分子链既可能在链刚度非常小的时候坍塌成无规线团状构象,又可能在链刚度非常大的时候呈现近似刚棒状的构象。因此,即便是拥有同样聚合度的链,柔顺性不同时,其构象空间的差异可能会非常大,对应的熵效应对体系结构组织的贡献也会有很大的不同。更重要的是,熵效应对组织单元这些本征性质的依赖绝大部分情况下是非线性、非单调的。探寻熵效应对结构单元不同本征性质的依赖规律，对于理解一些软物质体系中的强熵效应，以及充分利用强熵效应设计和发展新型功能体系来说有非常重要的意义。下面我们就列举两个与大分子链柔顺性相关的例子具体说明这一点。

DNA 功能化的纳米粒子是一类新颖的组装基元。借助 DNA 的定向性 (directionality) 和识别性 (specificity)，该类基元可以自组装成多种有序超晶格结构。通过对 DNA 链的序列进行特定的设计，还可能实现对目标结构的可编程自组装 (programmable self-assembly)，因而大大提高了自组装的精准程度。DNA 链实际上可以看作一条半刚性链，其中单带 DNA 链的持续长度 (persistence length) 为 2~5nm，而双带 DNA 链则更硬一些，为 60~90nm。持续长度和链长是描述高分子链柔顺性的重要参数。如果一条链的长度比其持续长度大很多，链是柔性的；如果两者非常接近，链是半刚性的；如果链长比持续长度小很多，那么链就相当于一条刚性的硬棒。科学家发现 [24]，对于没有修饰 DNA 链或者接枝长度较短的 DNA 链，纳米粒子会自组装成面心立方 (face-centered cubic, FCC) 超晶格结构；但是随着链长的增加，晶格结构却变成了体心立方 (body-centered cubic, BCC, 图 4.11)。如果是固定 DNA 链的长度而改变纳米粒子的大小，就会观察到纳米粒子较大时形成体心立方结构，而较小时则形成面心立方结构。深入分析后发现，当 DNA 链长

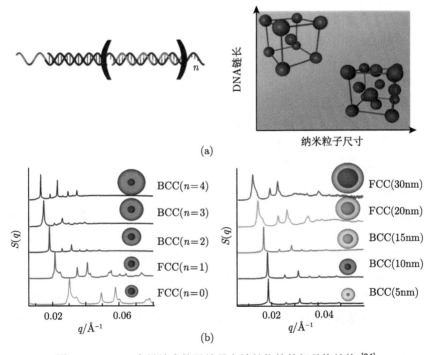

图 4.11　DNA 介导纳米粒子结晶中链长依赖的超晶格结构 [24]

较小时, 粒子接近密堆积, 因而形成了最致密的体心立方结构。但是随着链长度的增加, 链的柔顺性变大, 需要更大的空间去展现更多的链构象数 (构象熵), 因而组装结构倾向于略微松散的体心立方结构。当然, 纳米粒子尺寸小的时候也可以提供所需的构象空间, 因而组装结构也是体心立方。可见, 链的构象熵主导了自组装超晶格结构从面心立方向体心立方的转变, 这种强熵效应大大依赖于 DNA 链的长度。

Janus 粒子又称阴阳粒子, 其表面分为性质不同的两个部分, 所以可算作一种特殊的补丁粒子。因为表面性质的非对称性, Janus 粒子在多相体系或者嵌段共聚物微相分离体系中往往处于界面上。如果是两部分面积对称的 Janus 粒子处于对称的两嵌段共聚物形成的层状结构中, 粒子的中心会落在相区之间的界面上。但是若只增大其中一个嵌段链的刚度, 那么粒子的中心是否还处于相界面上? 如果不是的话, 会偏向软相区还是硬相区呢? 从计算模拟结果来看, 当升高嵌段链刚度的时候, 有趣的是, Janus 粒子会向硬相区一侧迁移, 并且偏离相界面的程度对链刚度的依赖是非单调的 (图 4.12(a)) [25]。如图 4.12(b) 所示, 嵌段链是半

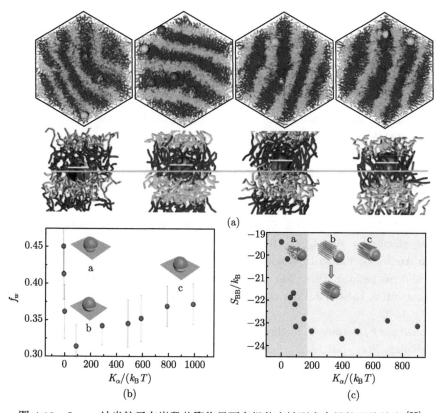

图 4.12 Janus 纳米粒子在嵌段共聚物界面自组装中链刚度介导的强熵效应 [25]

刚性 (持续长度与链长相当) 的时候偏移最大。此时若继续增大链的刚度，Janus 粒子反而倾向于回到相界面上。Janus 粒子偏移界面后，一部分表面会进入与其排斥的相区中，引起体系能量的升高，因此这个过程只能是熵效应主导的。定量计算嵌段链的结构熵后可以看出，随着链刚度增大，结构熵降低，表明具备一定刚度后的嵌段链倾向于更加有序的排列。Janus 粒子向其中的迁移破坏了这种有序排列进而增加了结构熵。图 4.12(c) 表明，半刚性的时候嵌段链的结构熵损耗最大，Janus 粒子迁移的程度也最大。随着刚度的进一步增加，相界面会发生涨落以削弱硬棒嵌段的有序排列 [26]，因而对 Janus 粒子迁移的需要降低。相应的，Janus 粒子偏移界面的程度随着链刚度的增加反而变小了。

参 考 文 献

[1] Frenkel D. Entropy-driven phase transitions. Physica A, 1999, 263: 26-38.

[2] Yeh J W, Chen S K, Lin S J, et al. Nanostructured high-entropy alloys with multiple principal elements: novel alloy design concepts and outcomes. Adv. Eng. Mater., 2004, 6(15): 299-303.

[3] Zhang Y. High-Entropy Materials: A Breif Introduction. Berlin: Springer, 2019.

[4] Yao H W, Qiao J W, Gao M C, et al. NbTaV-(Ti,W) refractory high-entropy alloys: experiments and modeling. Mater. Sci. Eng. A, 2016, 674: 203-211.

[5] Jiang S, Hu T, Gild J, et al. A new class of high-entropy perovskite oxides. Scripta. Mater., 2018, 142: 116-120.

[6] Sarker P, Harrington T, Toher C, et al. High-entropy high-hardness metal carbides discovered by entropy descriptors. Nat. Comm., 2018, 9(1): 4980.

[7] Wang Z G. 50th anniversary perspective: polymer conformation—a pedagogical review. Macromolecules, 2017, 50(23): 9073-9114.

[8] Kyoda K, Yamamoto T, Tezuka Y. Programmed polymer folding with periodically positioned tetrafunctional telechelic precursors by cyclic ammonium salt units as nodal points. J. Am. Chem. Soc., 2019, 141(18): 7526-7536.

[9] Zhu G L, Huang Z H, Xu Z Y, et al. Tailoring interfacial nanoparticle organization through entropy. Acc. Chem. Res., 2018, 51(4): 900-909.

[10] van Anders G, Klotsa D, Ahmed N K, et al. Understanding shape entropy through local dense packing. Proc. Nat. Acad. Sci. USA, 2014, 111: E4812-E4821.

[11] Mitragotri S, Lahann J. Physical approaches to biomaterial design. Nat. Mater., 2009, 8(1): 15-23.

[12] Mallamace F, Corsaro C, Mallamace D, et al. Energy landscape in protein folding and unfolding. Proc. Nat. Acad. Sci. USA, 2016, 113: 3159-3163.

[13] Zhu G L, Xu Z Y, Yan L T. Entropy at bio-nano interfaces. Nano Lett., 2020, 20(8): 5616-5624.

[14] Thompson R B, Ginzburg V V, Matsen M W, et al. Predicting the mesophases of copolymer-nanoparticle composites. Science, 2001, 292: 2469-2472.

[15] Balazs A C, Emrick T, Russell T P. Nanoparticle polymer composites: where two small worlds meet. Science, 2006, 314(5802): 1107-1110.

[16] Yan L T, Xie X M. Computational modeling and simulation of nanoparticle self-assembly in polymeric systems: structures, properties and external field effects. Prog. Polym. Sci., 2013, 38(2): 369-405.

[17] Cao X Z, Merlitz H, Wu C X, et al. Polymer-induced inverse-temperature crystallization of nanoparticles on a substrate. ACS Nano, 2013, 7(11): 9920-9926.

[18] Chen Q, Bae S C, Granick S. Directed self-assembly of a colloidal Kagome lattice. Nature, 2011, 469(7330): 381-384.

[19] Romano F, Sciortino F. Two dimensional assembly of triblock Janus particles into crystal phases in the two bond per patch limit. Soft Matter, 2011, 7(12): 5799-5804.

[20] Mao X M, Chen Q, Granick S. Entropy favours open colloidal lattices. Nat. Mater., 2013, 12(3): 217-222.

[21] Cates M E. Entropy stabilizes open crystals. Nat. Mater., 2013, 12(3): 179-180.

[22] Sheiko S S, Zhou J, Arnold J, et al. Perfect mixing of immiscible macromolecules at fluid interfaces. Nat. Mater., 2013, 12: 735-740.

[23] Dai X B, Chen P Y, Zhu G L, et al. Entropy-mediated mechanomutable microstructures and mechanoresponsive thermal transport of nanoparticle self-assembly in block copolymers. J. Phys. Chem. Lett., 2019, 10(24): 7970-7979.

[24] Thaner R V, Kim Y, Li T I N G, et al. Entropy-driven crystallization behavior in DNA-mediated nanoparticle assembly. Nano Lett., 2015, 15(8): 5545-5551.

[25] Dong B J, Huang Z H, Chen H L, et al. Chain-stiffness-induced entropy effects mediate interfacial assembly of Janus nanoparticles in block copolymers: from interfacial nanostructures to optical responses. Macromolecules, 2015, 48(15): 5385-5393.

[26] Chen J T, Thomas E L, Ober C K, et al. Self-assembled smectic phases in rod-coil block copolymers. Science, 1996, 273(5273): 343-346.

第 5 章　熵调控策略

本章阐述基于熵效应的软物质体系的结构和性能调控策略及调控途径。首先通过简要介绍当前以焓作用为基础的软物质体系调控策略，引出发展熵调控策略的必要性和意义；在此基础上，深入阐述熵调控策略的基本思想；最后介绍熵调控的主要途径，涵盖体系的外部因素和基元的本征性质两个方面。

5.1　软物质体系的结构和性能调控

由于软物质本身的特点，软物质结构的可控性和新材料的可设计性促使我们不断地去研究、开发和实现新功能材料，同时不断地去探索材料形成过程中结构的变化和新有序结构产生的内在机制。如何控制软物质结构的变化是材料制备和生产中举足轻重的关键问题。因此，研究软物质结构形成和演变过程中不同驱动力作用的本质和规律，进而探索新的有效调控策略和途径，有着重要的学术和实际意义。

软物质结构组织/组装大多是材料基元通过诸如范德瓦耳斯力、氢键、π-π 作用以及主客体作用等分子间非共价的 "弱键" 相互作用自发地形成特定结构的过程。因此，传统的对软物质结构调控策略的研究多集中于揭示基元间这些弱键相互作用的本质和协同规律，在此基础上实现对结构形成和演变过程的调控，以制备具有特定功能的材料体系。下面我们就先通过简要介绍这方面的一些比较典型的工作，说明结构和性能的有效调控策略对于发展新型软物质功能体系的重要意义。

范德瓦耳斯力又称分子间作用力，是产生于分子或原子之间的一种电性吸引力，普遍存在于组成固体、液体和气体的粒子之间，比化学键弱得多，强度为 $1k_{\mathrm{B}}T \sim 5k_{\mathrm{B}}T$。范德瓦耳斯力是大分子聚集和胶体凝聚等软物质聚集态结构形成的最基本的驱动力。通过设计相应的原子或化学基团来改变基元间的范德瓦耳斯力，是调控软物质体系结构的重要途径。例如，如果将两种分子间作用力不同的组分混合在一起，就可能发生宏观或者微观的相分离，从而形成微纳尺度下丰富的相分离结构，并最终决定材料的多种宏观性能。如果是嵌段共聚物类型的大分子，这些相分离结构就可能是纳米尺度下的有序图案，因而在制备新型功能纳米材料方面有着潜在的重要应用 [1]。如果将软物质放置在经过化学修饰后的基板上，通过调控基板表面与体系不同组分之间的范德瓦耳斯力，还可以定向引导这些软物质体系的微观结构组织,进而形成特定的有序微纳结构 [2,3]。近年来,基元间的范德瓦耳斯力更是被巧妙地用在一些新型软物质体系的制备和调控中。例如,在钯纳米晶表面修饰上一种配体后,高温下会更容易地持续自组织成更大尺寸的有序超晶格结构,一反胶体结晶更容易在低温下进行的常识 [4]。该体系中纳米晶之间的排斥力来自配体之间的排斥体积效应,而驱动力则是纳米晶之间的范德瓦耳斯力,可计算为

$$U_{\mathrm{v}} = -\frac{A}{3}\left[\frac{r^2}{4rd_i + d_i^2} + \frac{r^2}{(2r+d_i)^2} + \frac{1}{2}\ln\frac{4rd_i + d_i^2}{(2r+d_i)^2}\right] \quad (5.1)$$

这里 r 是纳米晶的半径;d_i 是纳米晶之间的距离;A 是哈马克常数,表征了物质之间范德瓦耳斯吸引能的大小。如图 5.1 所示,随着纳米晶直径 d 的不断增加,相邻纳米晶之间的相互作用势阱不断变深,表明两者之间的范德瓦耳斯力随着纳米晶尺寸的变大而不断增强,进一步驱动了纳米晶格结构的生长。

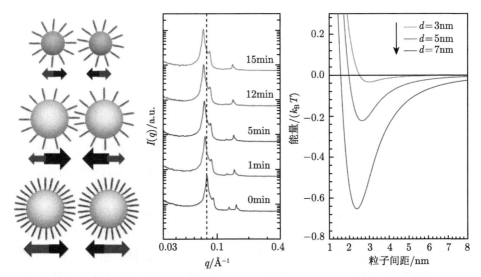

图 5.1　表面修饰配体后的钯纳米晶在高温结晶过程中的范德瓦耳斯势阱与晶体尺寸之间的关系 [4]

氢原子与电负性大的原子 X 以共价键结合后,若与电负性大、半径小的原子 Y(O、F、N 等) 接近,就会在 X 与 Y 之间以氢为媒介,生成 X-H···Y 形式的一种特殊的分子间或分子内相互作用,称为氢键。氢键也是分子或原子间一种典型的弱键作用,一般来说比范德瓦耳斯力略强,大约是 $10k_{\mathrm{B}}T$。氢键具有方向性、较强的结合力、丰富的形成形式、动态可逆性以及可预测的识别性能等优点,在软物质体系的结构构筑与性能改善方面有着广泛的应用 [5]。实际上,氢键在软物

质体系的结构构筑中一直以来都非常重要，许多天然的软物质体系 (例如纤维素、多肽和蛋白质以及 DNA 等) 的独特结构和性能与其分子内存在的氢键作用密切相关。近年来，氢键在构筑一些新型的组装结构和功能体系方面更是发挥了很大作用。通过增加基元间氢键的数目，变单重氢键为多重氢键 (图 5.2)，可以在有效增强氢键作用强度的同时，保留其动态可逆性的重要性质，因而在设计和调控一些对外界环境具有动态响应性的高分子、液晶、凝胶、超分子以及大分子杂化体系等方面有着广泛的应用 [6]。

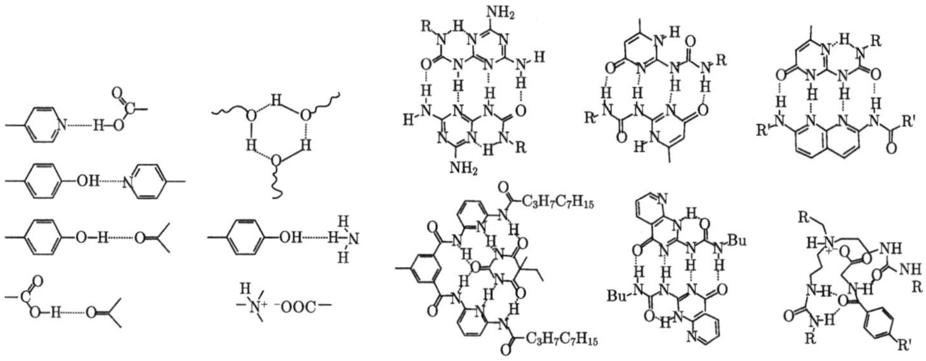

图 5.2   单重氢键与多重氢键

借助氢键的动态可逆性质，可以设计自愈合材料，也即利用材料的自我感知能力对因外力破坏而导致的微裂痕产生感应进而自我修复，以恢复力学性能。例如，利用氢键相互作用来制备自愈合弹性体，是基于超分子化学方法合成自愈合弹性体的最常见方法，该方法比较简单且普适性较强。通过选择氢键的种类和基体聚合物的物理性能，可以有效地调控这些自愈合弹性体的自愈合能力和性能 [7]。超分子聚合物是另一类通过单体分子间的非共价作用连接的链状聚集体，并在溶液或本体中表现出聚合物的特性 [8]。超分子聚合物的驱动力一般为具有一定强度和方向性的非共价键作用。由于非共价键作用的动态可逆性，超分子聚合物被赋予了诸多共价聚合物不具备的特殊性质，例如刺激–响应行为、自适应和自修复性能以及可预测的识别性能等。氢键因其良好的选择性和可逆性，在超分子聚合物的构筑中扮演着很重要的角色。1990 年法国科学家 Lehn 报道了基于三重氢键作用构筑的具有液晶性质的超分子聚合物，是有关超分子聚合物研究最早的报道 [9]。通过改变氢键的重数，或者与其他非共价作用结合，可以调控和改善氢键型超分子聚合物中的弱键作用强度；通过调控氢键型超分子聚合物中链的结构，还可以得到主链型 (嵌段、线型)、侧链型 (刷型、网络型)、结合型等不同的分子拓扑结构。这些新颖而独特的超分子聚合物在智能功能材料、环境友好材料、生物医用材料等领域有着广阔的应用前景。

氢键的识别性最为突出的表现就是 DNA 分子中碱基对之间特异性的互补配对。利用 DNA 分子的这种定向相互作用，可以实现 DNA 引导的精准甚至可编程自组装，因此已成为在纳米尺度下构筑有序结构的重要途径 [10]。DNA 的许多独特性质赋予了此种类型的自组装极强的可调控性。例如，DNA 的 A 与 T、C 与 G 碱基互补配对具有高度的特异性和识别性；DNA 的碱基序列具备多样性和可设计性；在合适的外界环境下 (例如盐浓度、pH、碱基数、温度等)，DNA 分子还可以形成精确可控的纳米结构，例如 DNA 折纸纳米结构；自然界在进化过程中产生了大量的可对 DNA 分子进行剪切、修饰等加工的工具酶，大大方便了设计和获得有特定结构的 DNA 分子。

通过在纳米粒子表面修饰 DNA 链所得到的 DNA 纳米粒子，在 DNA 链的引导下可以自组装成一维、二维和三维超晶格结构 (图 5.3)[11,12]。这种新颖的组装基元可以类比于人造 "原子"，其中 DNA 链就如同这种原子的化学价。通过调整 DNA 链，可以有效地调控超晶格结构的结晶参数，例如粒子尺寸、周期性以及粒子间距，因而可以得到类型丰富的纳米尺度有序结构。更重要的是，DNA 分子精确可控的序列结构和碱基对之间严格的互补配对使得此种类型的自组装具有较为精准的可预测性。更进一步，我们还可以通过对这类基元的设计而在其中编码进相应的信息，从而可以更加精准地调控其自组装过程，使其最终生成特定的有序结构，这便是可编程自组装 [13]。在可编程自组装中，主要通过基元的两种性质来实现信息编码：一种是识别性，DNA 分子的碱基互补配对很好地满足了这一点；另外一种是定向性，这一点可以通过控制纳米粒子的形状，或者对纳米粒子表面进行各向异性修饰来实现。可编程自组装是新材料设计和开发领域中具有革新意义的新兴策略，随着胶体合成和制备技术的不断发展，必将会得到更大的拓展和应用。

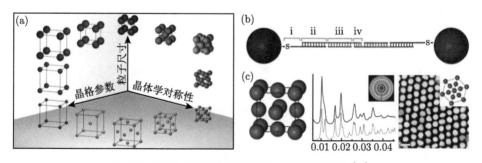

图 5.3　DNA 功能化纳米粒子的自组装超晶格 [11]

如果是带电软物质体系，控制其微观组织结构的重要途径是调控体系中的静电相互作用。例如，范德瓦耳斯力和氢键会导致胶体颗粒的凝聚，为了让胶体稳定，可以使胶体颗粒表面带电荷，这样带电胶体颗粒之间的长程静电相互作用就会阻碍颗粒之间相互靠近。当胶体颗粒带有一定量的表面电荷，与周围的介质离子相接触时，会影响到溶液中离子的分布，带相反电荷的离子会被吸引到表面附近，带相同电荷的离子则被排斥而离开表面。与此同时，热运动却使离子力图均匀地分布在整个溶液中，这两种作用使得胶体颗粒表面形成扩散双电层。相邻胶体颗粒之间的双电层不可避免地会发生相互作用。由于不同胶体颗粒所带的电荷数量、电荷正负性，胶体颗粒的比表面积、几何形状，以及体系中外加盐的浓度等差异，双电层之间的相互作用非常复杂。例如，如图 5.4 所示的两个表面带负电荷的胶体粒子，随着其电荷密度的逐渐增加，粒子之间的相互作用会划分成三个区域，即低电荷密度时的吸引，中间电荷密度时的排斥，以及高电荷密度时的吸引 [14]。在低电荷密度时，胶体粒子间的静电相互作用比较弱，此时体系中外加盐离子的排空效应占据主导地位，粒子间因而呈现吸引作用。随着胶体粒子表面电荷密度的逐渐增加，静电相互作用逐步增强，因而在中间电荷密度时，粒子间呈现较强的静电排斥作用。如果粒子表面的电荷密度持续增大，大量的反离子会凝聚在胶体粒子表面，此时在短距离上两个粒子之间会表现出很强的静电排斥。但是，反离子的凝聚同时增大了胶体粒子的尺寸，导致其表面电荷密度下降，排空效应在更大尺寸上占据主导地位，因而粒子间除了短距离时的强排斥，还在更大距离上存在吸引作用。此外，胶体粒子间的相互作用还可以通过外加盐的浓度来调控，因为体系的排空效应会随着外加盐浓度的增加而增强。静电相互作用也是调控其他一些组装体系结构的重要途径，例如静电交替作用下的层层自组装等 [15]。

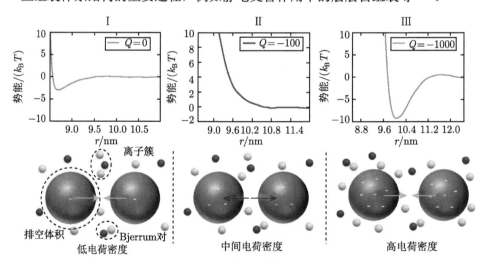

图 5.4　电荷密度对带电纳米粒子间静电相互作用的影响 [14]

调控软物质体系结构组织的另外一种途径是控制基元的亲疏水性。例如，具有双重性质的两亲分子，一部分表现出亲水 (溶剂) 性，另一部分则表现出疏水

(溶剂) 性, 即不能溶解在水中。这样, 两亲分子便可在水 (有机溶剂) 中自组装成有序结构, 如胶束、囊泡等。亲水性的产生是由于分子能够通过氢键和水形成短暂键结, 所以亲水的分子往往有能力极化至氢键的形成。然而疏水力一般被认为是一种熵力, 源自水分子四面体网格 (水分子间由于氢键作用而缔合成的四面体结构) 在疏水分子周围重排导致的熵损耗。为了避免这种有序的重排, 水分子网格更倾向于避免与这种分子接触, 以便获得更大的自由度和熵, 疏水性也因而产生。

材料表面的亲疏水性可以通过改变其化学性能来调控。例如, 在表面上修饰聚 *N*-异丙基丙烯酰胺 (poly(*N*-isopropylacrylamide), PNIPAAM), 可以实现表面亲–疏水性的热响应转变 [16]。PNIPAAM 是一种良好的热响应聚合物, 其临界溶解温度为 32 ~ 33°C。在该温度以上, PNIPAAM 会形成分子内氢键而导致构象坍塌; 在该温度以下, 则氢键打开, 呈现构象舒展的状态。因此, 在临界溶解温度以下, 分子上存在的氢键会引发较强的亲水性; 而随着临界溶解温度以下分子内氢键的形成, 该聚合物分子则呈现明显的疏水性。的确, 实验结果显示, 在临界溶解温度附近将温度从 25°C 升高到 40°C, 水滴在修饰了 PNIPAAM 的表面上的接触角会相应地从 63.5° 转变到 93.2°, 表明该表面具有了良好的热响应亲–疏水转变性能 (图 5.5)。有趣的是, 若将平整表面换成粗糙表面, 在相同范围内改变温度, 水滴的接触角的变化却会被放大到 0° ~ 149.3°, 体现了表面性能所导致的超疏水现象 [17]。众多研究表明: 液滴在材料表面的接触角与材料表面形貌及材料表面能有关, 其在材料表面与固体表面的接触面积越小, 液滴的接触角越大, 滚动角越小, 在材料表面的黏附力就越小 [18]。如果材料表面的液滴接触角大于 150°, 滚动角小于 10°, 该材料便是超疏水材料。自从德国科学家 Wilhelm Barthlott 等 [19] 提出荷叶的超疏水效应以来, 以荷叶、水稻叶、蝴蝶翅膀、水黾腿等为代表的生物原型受到极大关注, 引发了仿生超疏水涂层的研究热潮。

传统的两亲分子内部亲水部分和疏水部分之间是通过共价键连接的。如果二者之间是通过非共价键的作用缔合在一起, 便是一种新型的两亲分子——超两亲分子 (图 5.6)[20]。由于构筑基元是通过非共价键相互连接, 其制备的过程就可以避免一些烦琐的化学合成。在非共价键合成中, 可以很方便地引入合适的功能基元, 组装新型功能超两亲分子。由于非共价键具有良好的可控性和可逆性, 可以通过外界刺激响应, 调控其两亲性, 实现可控的自组装与解组装。基于超两亲分子的概念, 可以构筑多种结构和功能的超两亲分子, 包括小分子型超两亲分子和高分子型超两亲分子等。在制备超两亲分子时, 功能构筑基元可以通过非共价作用直接连接到超两亲分子上, 这样就可以很方便地实现超两亲分子的功能化。如非共价地引入刺激响应性的功能基元, 就可以实现响应性的超两亲分子的制备, 并以此构筑响应性的功能组装体, 例如 pH 响应、光响应、氧化还原响应以及酶响应的超两亲分子[21]。通过构筑基元的合理设计，还可以调控超两亲分子的拓扑结构，既可以得到与传统两亲分子类似的拓扑结构，又可以创造崭新拓扑结构的超两亲分子。由此看来，基于非共价键的超两亲分子拓展了传统两亲分子在材料结构和功能的构筑及调控方面的应用空间。

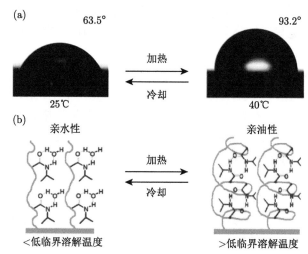

图 5.5　PNIPAAM 修饰的亲–疏水热响应表面[16]

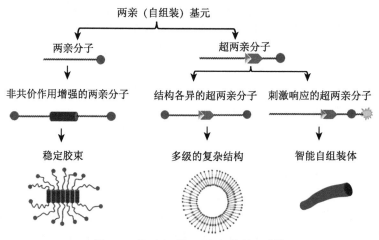

图 5.6　从两亲到超两亲组装基元[20]

5.2　从焓调控策略到熵调控策略

5.2.1　焓调控策略的启示

无论是范德瓦耳斯力、氢键还是静电力都属于基本的相互作用，可以归结为焓作用。焓也是热力学的重要参量之一，在吉布斯自由能中定义为 $H = U + pV$，也即包含了内能和体积改变所做的功，可以认为是一个系统的总能量。通过改变这些焓作用来调控体系的结构和性能的方式我们称之为焓调控。虽然两亲性中的疏水效应在本质上属于熵效应，但是在绝大部分的研究中都是通过改变分子的基团或者表面的化学性能来控制两亲性在材料构筑中的效用的，因此这里我们仍将两亲性归集到焓调控的范畴之中。从上述提到的例子中可以看出，基于不同相互作用的焓调控已经发展成为较为完备的策略，即焓调控策略。所谓策略，首先是要对不同相互作用影响体系结构的规律有本质性的认识和把握；在此基础上，依循这些规律发展出不同的调控途径和方式；最后，针对相应的问题和需求选择合适的调控途径以实现既定的调控目标。仔细分析一下不同形式的焓调控策略，就会发现一个新型焓调控途径的提出和发展往往具备了如下的一些特点。

首先是对相应的相互作用方式有着非常深入的认识。早在 19 世纪人们就已经开始研究范德瓦耳斯力。随着对这种分子间相互作用力认识的不断深入，科学家们阐明了其三种具体的作用类型，即诱导力、色散力和取向力，以及每种力的成因和作用强度、范围等。2013 年，法国科学家更是精确地测量了两个独立原子之间的范德瓦耳斯力[22]。对氢键的研究也有很长的历史，科学家逐步揭示了这种相互作用的基本原理和作用强度。2011 年，国际纯粹与应用化学联合会 (IUPAC) 给出了有关氢键的六条准则，更加严格地定义这种相互作用，而我国科学家更是在 2013 年实现了氢键的实空间成像，首次"拍"到了氢键的"照片"[23]。自从 20 世纪 50 年代 DNA 双螺旋结构的分子模型提出以来，有关这种分子的碱基互补配对、序列的多样性设计以及剪切、修饰等已经为人们广泛熟知和熟练操控。近年来，借助新兴的 DNA 纳米技术还可以在纳米尺度下精准地构造特定的结构，因而 DNA 本身即可作为纳米材料，为生命科学、材料科学、环境科学等领域带来前所未有的推动作用[24]。与分子两亲性相关的亲、疏水力，表面张力，以及浸润效应等，一直以来都是软凝聚态物理研究框架的重要组成部分[25]。

其次是在组装基元的设计中充分利用某一相互作用的特点。例如，在氢键诱导的自组装中，组装基元的设计就充分利用了氢键的动态可逆性质，从而使组装体可能具备自愈合、自修复以及刺激–响应等性能或者功能。在 DNA 诱导的自组装中，则充分发挥了 DNA 链良好的定向和识别性，通过调控 DNA 分子的序列结构和碱基对类型，可以获得种类丰富的有序超晶格结构，也将 DNA 的功能从传统的携带遗传信息的生物大分子拓展到了微纳尺度有序结构构筑的重要新型基元。此外，DNA 分子的这些优点大大增强了结构的可预报性，使得材料的精准设计成为现实。利用静电相互作用对电荷符号和密度的依赖性及其长程作用的性质，通过控制外加盐的浓度和离子的价位可以非常方便地调控带电体系的结构组织。分子的两亲性中，疏水性可以促进分子的聚集和组装，亲水性则可以保证组装体不会仅仅是坍塌结构，而是呈现多样的拓扑形态。同时，通过改变亲疏水部分的分子参数，例如链长、柔顺性以及所携带基团的体积，还可以更加灵活地调控组装体的拓扑结构。

再次就是通过基元的设计强化某种相互作用，使得这种作用能够主导结构的形成，从而获得一些新颖的结构和功能。与上述对相互作用的简单利用不同，强化基元的某种相互作用有着更多材料设计的含义，对于加强体系的结构控制和动力学调控来说非常重要。例如，通过改变材料表面的粗糙度和形貌，可以有效增强表面的疏水程度，使得材料表面从疏水变成超疏水，液滴在材料表面的接触角也相应增大到 150° 以上，而滚动角却减小到小于 10°。这样，液滴在材料表面的黏附力明显变小，因而超疏水材料可广泛应用于抗冰、减阻、自清洁、防腐蚀、油水分离等领域。通过将非共价键引入两亲分子所构筑的超两亲分子，不但保留了两亲分子的全部性质，而且使得两亲性能够可控和可逆地调控，大大拓展了两亲性在自组装与解组装中的应用空间。当氢键的重数较低时，由于作用不够强，在溶液中很难得到高分子量的超分子聚合物。但如果把氢键增加到四重，便可实现有机溶剂中高分子量超分子聚合物的构筑，进而展现超分子聚合物在可降解和可逆材料等方面不可替代的优越性 [26]。

最后，焓调控策略越来越多地向功能化与精准化方向发展。借助氢键、π-π 作用、主客体相互作用以及配位键等非共价键作用，超分子聚合物或者超两亲分子的组装体能表现出对其他外界刺激如光、电和化学物质的响应性。非共价键作用的可逆性还赋予了此类体系自适应、自修复和自愈合等性质，这些性质都是传统的纯共价键体系难以实现的。通过合理的分子设计，两亲性和超疏水的体系中如果包含对特定的外界环境，例如光、热、电和磁场等，具有响应的聚合物或小分子基质，也可以产生对这些环境因素感应的所谓刺激-响应性能，例如我们在图5.5 中所展示的对温度响应的超疏水表面。正如一些天然生物组装体拥有精确的多级组装结构，结构构筑和调控的精准化一直是材料和软物质科学追求的目标之一。利用 DNA 分子在识别性和定向性方面的优点，可以精准地调控 DNA 引导自组装所得到的超晶格结构的结晶参数，例如粒子尺寸、周期性以及粒子间距等。我们甚至可以通过 DNA 对这类材料基元进行编码，使其进行所谓的程序化自组装，并最终精准地自组装成设定的结构。

5.2.2　从焓调控到熵调控

我们知道，自由能包括两方面的贡献，一方面是焓，另外一方面便是熵。既然软物质体系已经发展出了基于焓作用的比较完备的调控策略，也即明晰了相互作用的规律，拥有了基于这些相互作用的有效调控途径和方式，并最终实现了对结构和性能的调控目标，那么我们不禁要问：能否发展基于熵效应的软物质体系调控策略？

　　然而，与焓调控策略的"枝繁叶茂"形成鲜明对照的是，软物质体系的熵调控策略迄今为止还没有被提出并发展起来。诚然，随着材料合成和制备技术的不断发展，一些新的软物质体系和材料不断涌现，人们在对这些材料的微观结构组织和动力学演变的物理机制进行研究的过程中时常揭示出不同类型的熵效应所起到的重要作用。但是，需要指出的是，这类研究还仅仅局限于一些个别的体系。要想发展出完备的调控策略，首先必须对熵和熵力影响体系结构的规律有本质性的认识和把握；在此基础上，依循这些规律来有效地利用、调控熵效应，并发展出基于熵效应的调控途径和方式，进而针对相应的问题和需求选择合适的熵调控途径以实现既定的调控目标。与焓调控策略相比，熵调控策略的发展似乎难度更大，主要的原因在于熵作用于体系结构组织的方式与焓有很大的区别。一般而言，熵是统计意义的概念，不直观且"隐藏"得比较深，有时更是会导致反直觉的结果，显得难以捉摸，所以相较于对焓作用的认识，对熵效应的认识和理解明显要弱得多。这就不难理解为什么总结出熵效应作用的规律一直以来都是一个很大的挑战，更不用说发展出基于熵效应的有效调控途径和完备的熵调控策略。

5.2.3　发展熵调控策略的重要意义

　　熵调控策略的发展严重滞后于焓调控策略与熵在体系自由能贡献中的地位是不匹配的。特别是软物质体系，其中的熵效应对体系状态的贡献不但不能忽略，甚至会主导体系结构的组织和演变过程，这一点我们在前几章中已经有比较详尽的论述。特别的，在高分子体系中，绝大部分的物理现象和性能与高分子链的构象熵休戚相关，例如链的弹性，体系的多层次结构，以及添加剂小分子或无机粒子在高分子基体中的空间分布状态等。在胶体体系中，粒子的振动熵和旋转熵对胶体粒子的聚集态结构有很大的影响。而对于非球形或非对称的各向异性胶体粒子，取向熵和形状熵对结构组织的影响则会变得非常重要。熵效应在生命过程中更是扮演着非常重要的角色。例如，由熵效应导致的渗透压是细胞内外小分子物质输运过程中极为关键的驱动力；许多蛋白质或多肽大分子的功能实现依赖于大分子的构象，也即构象熵效应在其中发挥着重要作用；此外，有些磷脂和膜蛋白都具有各向异性的形状，使得形状熵在很大程度上促进了这些分子所参与的生物物理过程的顺利进行[27]。显然，对于上述这些体系的调控，单纯着眼于焓作用是不够的，发展对应的熵调控策略不但必要而且重要。

　　发展熵调控策略的重要性一方面体现在对软物质体系一些复杂实验现象的深入理解和阐释。软物质体系的实验现象由焓作用和熵效应两方面决定。相对而言，我们对于各种基于焓的相互作用，无论是弱键作用还是长程的静电相互作用等，影响体系结构的方式和规律都有比较深入的认识。因此，焓作用所得到的结果往往比较直观，容易理解。但是熵及熵力影响体系结构的方式具有统计性和宏观性，表现为整个体系内不同基元间协同发展至体系总的微观状态数最大化。这就使得熵效应的结果不像焓作用的结果那样可以根据其具体的微观相互作用去直观地分析和理解，有迹可循。熵和焓对体系结构组织影响方式的这些差异经常会使软物质体系的一些实验观察显得复杂且难以理解。特别是在绝大部分的软物质体系中，熵、焓往往交缠在一起，即便是从焓作用的角度对体系进行调控，然而其状态却仍可能是熵主导的，这就容易导致实验现象的复杂化。例如，在相互作用主导的分子组装和结晶过程中，结构的有序化使焓降低的同时，熵自由能却会因之升高，并可能最终主导整个体系的结构演变。发展有效的熵调控策略，探寻熵效应的作用规律，对于理解这些复杂的实验现象，并进一步深入揭示其蕴含的物理机制来说有着显著的意义。

发展熵调控这一概念全新的调控策略能够催生一批基于熵效应的新结构、新功能和新体系。在第 3 章中我们已经阐述过，熵力具有统计宏观性、涌现性和熵增单向性。熵的这些不同于焓的独特作用方式可能使体系产生新奇的结构和性能。这些新结构和性能既非单个基元的本征性质，也非所有单元性质的简单加和，而是由组成基元按照系统结构方式相互作用、相互补充、相互制约而激发出来的。例如图 3.2 中渗透压的产生，只要圆管内存在溶质分子，哪怕这些分子相互之间或者与溶剂分子之间没有产生任何相互作用，都会引起液柱的产生，且液柱的高度会随着溶质分子浓度的增大而升高，这实质上是熵的涌现性的直接体现。正如我们在第 2 章中讨论过的，熵效应还可以诱导有序结构的生成，特别是在空间受限的极端环境中，例如胶体硬球和各向异性多面体粒子的堆积结晶等。熵致有序结构的产生若单纯从焓作用的角度来看是不可思议的，因此就显得愈发新奇。例如图 4.4 所示的纳米粒子在嵌段共聚物相区中形成的多层次结构仅随粒子尺寸的改变而转变，图 4.5 所示的聚合物本体中的纳米粒子在升温时会在基板表面发生逆温结晶，等等。利用熵效应还可以使一些体系产生刺激-响应的性能。因为只要体系偏离其最大熵就会产生熵力，所以如果调控体系使其逐步偏离最大熵状态，就有可能产生持续变化的熵力而驱使体系产生相应的响应。例如，图 4.8 中通过逐渐改变体系界面的压缩程度而诱发的压力响应的大分子完美分散结构。这些基于熵效应的新结构、新功能和新体系的产生会大大拓展软物质材料的设计和发展空间。

发展熵调控策略还可能反演出软物质体系的新模型和新理论，并最终促进软凝聚态物理理论框架的发展和完善。熵是重要的热力学参量，在统计力学里更是处于核心位置。发展熵调控策略，非常重要的一环是深入阐明熵主导软物质体系结构构筑的物理规律。为此，有必要以更定量一些的方式来对不同软物质体系中熵调控的某些共性开展较深入的讨论。对于这样一种特殊物态和过程的基本规律进行定量研究，必须找到或发展合适的理论模型和工具。可以说，迄今为止对软物质体系中熵的理论描述，大部分来源于经典的热力学和统计力学定律，热平衡的条件对这些物质的行为有重要的限制。然而熵调控的过程绝大部分都伴随着体系状态参数，如压力、温度、体积等的变化，甚至有能量的注入，这会打破体系的热力学平衡状态。因此要将经典的热力学和统计力学理论用于对熵调控过程的描述，就可能需要将这些理论框架扩展至非平衡或高度非线性的条件。此外，一些描述非软物质体系的理论框架也有可能经过修正后用于描述熵调控的过程。实际上，在软物质体系的研究历史中，这样的例子并不少见，将适用于半导体凝聚态物理研究的重整化群理论引入对软物质体系相变和临界现象的研究就是非常典型的例子。此外，针对一些特定体系的结构形成和演化，还可以采用或定义一些新的熵类型去加以表征，例如非平衡态相变中序的演化就可以采用信息熵去定量计算 [28]。

5.3 熵调控策略的核心思想

下面我们结合 5.2 节所总结的焓调控的特点，通过进一步分析熵效应的作用方式与规律，详细阐述熵调控策略的核心思想。

5.3.1 前提

与焓调控策略的发展一样，熵调控策略发展的前提是对软物质体系内熵效应产生与作用的本质有比较系统和深入的认识。本书的第 2 至第 4 章分别介绍了熵致有序、熵力和强熵效应的内涵和规律，即是对熵效应的产生与作用本质较为深刻的阐释。通过对熵致有序物理内涵的分析，我们认识到熵增的过程只是体系状态数增加的过程，与结构的有序和无序没有必然的联系。认识到这一点其实非常重要，因为它突破了简单地将熵与有序和无序相关联，认为熵增仅对应体系变得无序这一传统的观念。熵致有序清晰地表明熵效应可以是构筑有序结构的驱动力，也即其完全可以用于软物质体系有序结构的构筑和调控。那么熵效应在结构组织中能够发挥多大作用？这就涉及熵力的问题，对此我们在第 3 章中有较为详细的阐述。首先，根据不同体系内熵的具体类型和表现形式，熵力既可以是短程作用力也可以是长程作用力。典型的熵力的作用强度约为几个 k_BT，这与范德瓦耳斯力 $(\sim 5k_BT)$ 和氢键 $(\sim 10k_BT)$ 是相当的。我们知道，范德瓦耳斯力、氢键等弱键相互作用是软物质体系自组装的重要驱动力，在软物质体系多层次结构的构筑中发挥了关键作用。显然，具有同等作用强度的熵力能够，也应该是软物质体系结构构筑和组织的重要驱动力。其次，熵力具有区别于基本相互作用的独特物理特征，可概括为统计宏观性、涌现性以及 (熵增) 单向性。统计宏观性表明熵力源于一个热力学系统对于熵增加的统计趋势，而非任何的微观基本相互作用力或者能量；基本相互作用力都有对应的作用场，而熵力却没有，可见两者产生的原因有本质的区别。这就启示我们调控熵与调控焓的立足点应该是不同的：后者着眼于微观的基本相互作用，而前者需要把握整个体系的状态变化。熵力的涌现性表明熵力的产生是系统中单元之间相互协同而涌现的集体行为，不是单一单元行为的简单加和，更不是单一单元的本征性质。熵力的这种性质不但可以使我们更加深刻地去理解一些体系看起来"匪夷所思"的实验现象，更重要的是意味着能够通过熵调控来涌现一些新结构和新功能。另外一点，涌现行为一般依赖于体系的密度，也即密度越大涌现行为就越明显，这实际上为我们调控熵效应提供了一条重要的途径。熵力的单向性则表明系统的熵力总是朝向引起熵增加的方向。只要系统的状态偏离其能达到的最大熵状态，就会引发系统回到其最大熵时的统计趋势，进而产生熵力；且偏离程度越大，对应的熵力也越大。因此，要想产生熵力，首先必须使体系产生必要的熵损耗。通过改变熵损耗的程度，可以进一步调控熵力的强度。

5.3.2 从基元出发

发展熵调控策略，可以从材料构筑基元出发，在基元的设计阶段即充分考虑潜在的熵效应。对于链状的分子，链的构象熵是需要考虑的最为主要的熵类型。构象熵与链所呈现出来的构象数有关。例如一条聚合度为 N 的自由结合链，链的分子内单键内旋转所导致的总的构象数为[29]

$$\Omega_{\text{tot}} = (4\pi)^{N} \tag{5.2}$$

可见，链的构象数会随着链长的增长而剧烈增加，因而构象熵效应愈发明显。聚合物链、蛋白质和多肽等大分子链都是典型的链状分子。无论是在本体中，还是将这类分子修饰在其他介质的表面上，只要限制它们的自由构象，便可能引发较强的熵力，甚至能主导体系最终的状态。对于球形的纳米粒子或者胶体粒子，粒子的平动熵和振动熵是决定其状态的重要熵类型。在统计力学中，一个仅包含排斥体积效应的粒子系统的熵与系统内的自由体积等价，也即 $S \propto k_{\text{B}} \ln V$。可见，限制此类体系的自由体积等同于使体系产生熵损耗，因而会引发相应的熵力以驱动体系的状态转变，胶体粒子在无规密堆积点的凝固结晶即源于此。而如果是有特定形状的粒子，除了平动和振动熵以外，由于粒子的各向异性所导致的取向熵和旋转熵以及基于粒子形状的定向熵力也可能会对体系的结构组织产生重要的影响。此时，体系内的熵效应往往是不同熵类型协同的结果，并可能导致多种类型的有序结构。例如，具有较大长径比的棒状分子会形成取向有序但平移无序的液晶结构；而近似球状的各向异性粒子会形成取向无序但平移有序的塑晶结构；如果是多面体粒子，则可能堆积成旋转对称的准晶结构[30]。

5.3.3 强熵效应是关键

发展熵调控策略,更重要的是有效增强体系内的熵效应。通常实验室的条件接近于封闭系统,因而其平衡条件都是以自由能为极小值。自由能包括焓和熵自由能两方面的贡献。如果熵自由能贡献弱于焓贡献,体系的状态由焓主导,熵效应主要扮演制衡角色。但若是熵自由能强于焓而主导了体系的状态,结构形成和演变则会相应地呈现与熵相关的一些性质,这便是我们在第 4 章中详细阐述的强熵效应。由于熵效应的统计性和涌现性,强熵效应往往会导致反直觉的结果,因而不但能够使我们深入理解相关的复杂实验现象,还可能产生一些有趣的新结构和新功能。那么,如何增强一个体系内的熵效应使其产生强熵效应?限制体系内的自由体积或者空间是达到这一目标的重要途径。正如我们在第 4 章中所分析的,空间受限容易诱发强熵效应的根本原因主要有两点:一是与熵力产生的条件有关,受限空间可能大幅度减少基元的状态空间,使其偏离最大熵状态进而产生熵力,这个过程中相互作用能变化不大甚或升高,但熵效应主导了结构的形成,体系因而表现出强熵效应;二是与熵力的涌现性有关,体现在熵力对体系密度的依赖性上。根据我们在第 3 章中对熵力统一性的分析,软物质体系中不同类型的熵力绝大部分都可以统一到最基本的渗透压效应。根据渗透压的范托夫公式,熵力 (渗透压) 随着体系密度 (浓度) 的升高而变大。这种与密度相关的行为正是熵力涌现性的体现。所以,空间受限可以增大体系的密度,进而引发更强的熵力并最终导致强熵效应。当然,增大体系密度还可以通过给体系施加一定的压力来实现,这便产生所谓的堆积效应。硬胶体粒子在稠密堆积时的有序结晶即是由堆积导致的强熵效应的体现。制造强熵效应除了通过外部条件改变体系的自由空间外,还可以通过改变体系中基元的本征性能这一内部条件来实现。每种材料基元都有相应的本征物理性能,例如聚合物链的刚度和长度以及粒子的尺寸、形状和非对称性等。即便在同一自由空间下的同一类基元,其能够呈现的状态数也会随着这些本征性质的改变而有很大不同。因此,通过调控这些本征性能,可以有效地改变基元在特定空间内对体系熵效应的贡献,进而实现强熵效应。

为了更加生动地说明强熵效应的产生,这里我们打一个简单的比方。如图 5.7 所示,假如有一些运动员处于同一个空间内,且每位运动员都想获得足够多的自由空间以展现更多的自由度 (状态)。如果这个空间是足够大的,则每个运动员都会有充足的空间,因此可以非常自由地活动,整个系统因而处于无序的状态。但是如果不断地压缩这个空间,运动员们就会发现可以占有的自由空间会相应地缩小,使得有些状态很难展现出来。此时每个运动员都想获得更大的自由空间,相互之间便产生了对空间的竞争。这种竞争会随着总的空间的压缩而不断加剧。如果每个运动员的能力都是相同的，则竞争的结果就是平均划分体系的空间，也即产生有序的结构组织。实际上，当每个运动员都具有相同的自由空间时，体系总的自由度也达到了最大化。这里每个运动员相当于一个基元，而其自由度对应于状态数，总的自由度则对应于系统的熵。自由度的最大化意味着系统达到了最大熵状态。相应的，结构组织的有序化即是空间受限诱发强熵效应后涌现出的结果。

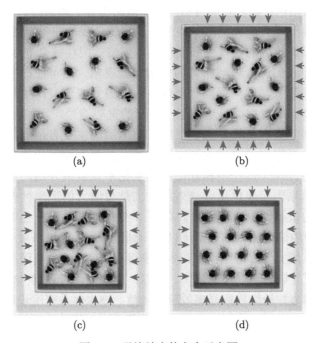

图 5.7 强熵效应的产生示意图

5.3.4 基于熵效应的动态化、功能化及精细化调控

通过控制熵效应，也可以实现对体系的动态化、功能化以及精细化调控。要达到这个目的，首要考虑的还是熵及熵力的独特性质。熵力的统计宏观性和涌现性意味着增强熵效应可获得焓调控无法得到的材料结构和性能。根据涌现性对体系密度的依赖性，可以通过逐步改变体系密度或者自由空间的方式来实现对结构的动态调控。这是因为在不同的空间压缩程度下，体系偏离最大熵状态的程度也不同，因而会产生相应强度的熵力以驱动结构动态演变成所处自由空间下能够达到的最大熵状态。利用这种方式不但可以使体系产生熵主导的应力刺激–响应性能，还可以得到空间受限情况下的各种新奇结构组织[31,32]。如果将体系内自由空间的尺寸按照特定的图案进行布置，就可能产生空间依赖的熵力以驱动体系精确自组织成对应的图案化结构。我们在第 1 章中图 1.8(b) 所介绍过的接枝纳米粒子的图案化受限自组装就是这方面的一个典型例子[33]。要实现通过控制熵效应来

对体系进行功能化调控，还可以从基元的本征性质入手。例如，可以采用耦合动态键的方法实现聚合物链的结构对外界环境刺激的响应，其对应的构象熵效应也会产生相应的响应性；通过对胶体粒子形状的精确控制，可以有效调控其形状定向熵力，进而精准地形成可预测的聚集态结构[34]。当然，有些粒子还可以在环境刺激下发生形变，例如光致形变的胶体粒子[35]。这使得这些体系里的形状熵成为可动态调控的量，以驱动此类形状可变换 (shape shifting) 粒子自组织成对外界环境响应 (例如光响应、热响应和 pH 响应等) 的新颖、有趣结构[36]。

5.3.5 特别注意熵效应中基元间的协同关系

发展熵调控策略，需要特别注意的是基元间的协同关系在熵效应中扮演着非常重要的角色。实际上，熵力的涌现性和单向性都是通过基元间的相互协同实现的。熵力的产生是系统中单元之间相互协同而涌现的集体行为。正是因为基元间的相互协同，系统的行为超越了单一单元行为的简单加和，进而产生了涌现性。熵力的单向性则意味着熵力总是驱动体系以熵增的趋势演化，直至达到熵的最大化，而这个过程也是通过基元间的相互协同实现的。

为了更加清晰地说明这一点，我们还是借助前面打过的那个比方，但是此时空间里面的运动员按照胖瘦分成了两组。如图 5.8 所示，胖运动员体型较大，占有的空间也大，且行动不够灵活，也即同等空间里表现出来的状态数少；瘦运动

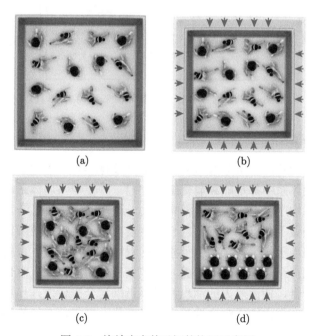

图 5.8 熵效应中基元间的协同示意图

员恰恰相反，占有的空间小且足够灵活，自由度大。刚开始时空间足够大，所有的运动员都能自由活动，体系处于无序状态。但是当空间压缩到一定程度后，运动员们就会发现可以占有的自由空间受到很大限制，有些状态很难表现出来。此时，与上面所述的同类运动员平均划分体系空间不同的是，胖运动员形成较为致密的有序排列，而腾出空间给更加灵活的瘦运动员以使体系总的状态数最多，这便是胖、瘦运动员之间的相互协同关系。在热力学系统中，胖、瘦运动员分别相当于尺寸大、小两种不同类型的基元，正是这些基元间的相互协同才使体系达到了熵（状态数）的最大化。熵效应里基元间的这种相互协同关系与能量主导下的结构组织有很大区别：能量主导下往往是通过基元间"大鱼吃小鱼""弱肉强食"的竞争规则来实现体系能量的降低，例如在界面能驱动下多分散液滴的凝聚和 Ostwald 熟化过程，以及相变过程中相结构的生长动力学过程等（图 5.9）。

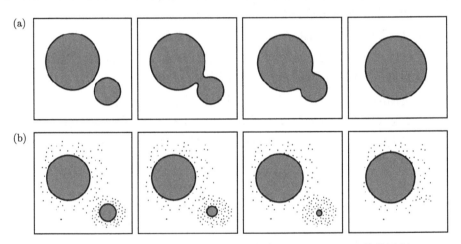

图 5.9　表面能主导的结构演化：(a) 凝聚过程；(b) Ostwald 熟化过程

5.3.6　充分理解熵与能的交缠

发展熵调控策略，仍需考虑体系中能量的影响。事实上，纯熵体系非常少见，在大部分的实验体系中都是能和熵交缠在一起。即便是强熵体系，基元间的相互作用仍然会对结构产生不可忽略的影响。关于这一点，我们在第 4 章阐述强熵效应的性质时已经做了分析：一方面，与完全没有能量贡献的纯熵体系相比，相互作用能的存在相当于给熵效应提供了相应的限制条件，使得体系的熵只能在相互作用的限制下取得最大化；另一方面，基本相互作用的存在有时也相当于给熵效应搭建了一个平台，使得熵力的涌现性可以借助这个平台发挥作用。能和熵的交缠还意味着两者在自由能贡献中地位的动态变化。例如，在结构形成的初期，基元处于无序状态，熵自由能较低，基元间的相互作用主导了结构的演变过程。但是，随着结构向有序的趋势发展，体系中的熵会持续降低。熵自由能因而逐渐升高，并可能最终强过相互作用能的贡献，进而阻止体系结构进一步有序化。

5.4 熵调控策略的外部途径

发展软物质体系的熵调控策略，很关键的一环是在掌握熵效应基本规律的基础上，发展出有效的调控途径。根据强熵效应产生的外部环境因素和内部基元的本征性质因素，熵调控策略的调控途径可以分为外部调控途径和内部调控途径两类，我们分别在本节以及 5.5 节予以简要介绍。需要指出的是，可能有些调控途径已经在实际中得到了应用，但并未强调熵效应在其中发挥的关键作用，这里我们会通过相应的分析进一步指出其熵本质。

5.4.1 空间限域效应

从上面的讨论可以看出，空间受限可以有效增强体系的涌现性和熵力，进而诱发强熵效应，因此控制体系的自由体积或者空间是调控体系中熵效应的重要手段。实际上，软物质体系的自组织常常受到空间几何和取向约束的影响。一般来说，空间限域常常来自固定的边界约束，例如多孔表面或人工纳米结构构成的模板。当然，受限也可能来自系统本身的特性，例如大分子体系结晶过程中受限于晶区之间的聚合物链以及浸润的液体膜束缚在固体表面和蒸汽平衡等 [37,38]。

实际上，通过受限环境来产生新奇的自组织结构已经在众多的软物质体系中得到应用，为制造具有复杂有序结构的新材料提供了可行的途径。例如，将嵌段共聚物置于如图 5.10(a) 中具有纳米柱的 Al_2O_3 模板上，使得嵌段共聚物在每个纳米柱所提供的受限状态下进行自组装，便可以得到本体状态下不稳定或者无法形成的纳米结构 (图 5.10(b))[39,40]。通过调整纳米柱的直径与嵌段共聚物相区尺寸的比例，还可以进一步得到种类丰富的新颖形态，包括类洋葱层结构、非同心类洋葱层结构、穿孔层结构、类拱顶结构、笼状结构、螺旋、堆叠圆盘和圆环结构、多圆环连接的复杂结构以及球状结构等。空间限域环境下出现这些独特结构的原因包括圆柱表面与聚合物之间的相互作用以及受限环境下的熵效应等，其中嵌段共聚物链在受限空间内的强熵效应扮演着极为关键的角色。在受限环境下，嵌段链的构象空间和构象数目被压缩，链的构象熵相应地减少，使得体系偏离最大熵状态，进而引发构象熵力以驱动结构的形成。这样，嵌段链通过异于本体形态的重新组织，实现了当前环境下熵的最大化，并涌现出上述众多的新颖形貌。

基于计算机模拟方法，图 5.10(c) 给出了受限于圆柱中的嵌段共聚物在去除表面选择性作用后的结构形貌随着圆柱直径逐渐变大的情况，这里使用的是两个嵌段长度不相等的非对称嵌段共聚物 [41]。由于不存在表面作用，圆柱所提供的空间限域效应可认为完全源自熵效应。从该图我们可以发现一个规律，即在任何受限程度下短嵌段所形成的小相区都会优先贴近圆柱的表面。这是因为圆柱表面处的受限程度较大，而短嵌段在该区域内同等空间中的受限程度相较于长嵌段显然要轻得多。因此，短嵌段倾向于聚集在表面周围，留出圆柱中心处更大的空间给长嵌段以使其获得更大的构象熵，长短嵌段链的这种相互协同也使体系达到了构象熵的最大化。当然，如果存在表面作用，熵效应发挥作用的方式就会发生变化：一方面，与完全没有表面作用的体系相比，表面作用能的存在相当于给熵效应提供了相应的限制条件，使得体系的熵只能在表面相互作用的限制下获得最大化；另一方面，表面相互作用的存在相当于给熵效应搭建了一个平台，使得嵌段链构象熵力的涌现性可以借助这个平台发挥作用。这便是我们在第 4 章中论述强熵效应时所提出的"能量介导的涌现行为"，其中熵与能的交缠也导致了丰富且新颖的嵌段共聚物聚集态形貌[41]。

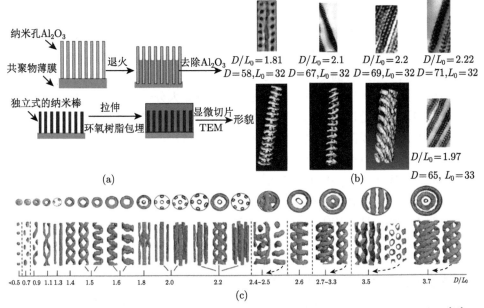

图 5.10　基于空间限域效应的熵调控：(a) 实验体系中用于制造纳米受限空间的模板[39]；(b) 嵌段共聚物在柱状受限空间中的独特形态；(c) 嵌段共聚物在受限空间中形态的理论模拟[41]

胶体粒子在空间受限环境下也会涌现由熵驱动形成的新奇有序结构，例如球状受限所导致的正二十面体准晶结构[42]。早在半个多世纪以前，英国科学家 Charles Frank 爵士就提出，短程的正二十面体对称是简单液体中原子最为倾向的局部有序组织结构，因为在这种结构中粒子间的短程吸引作用能达到最小化[43]。

然而，正二十面体结构是五重对称的，这与长程位置有序的结构并不匹配，所以通常情况下很难继续生长成大尺寸的正二十面体晶体。另一方面，对于仅存在排斥体积效应的硬球胶体，其热力学稳定的大尺度有序结晶结构是面心立方结构，因为在这种结构组织下，稠密堆积粒子的振动熵最大。然而，面心立方结构不具有任何五重对称的性质。那么如何得到大尺度的正二十面体胶体晶体？近来，科学家们通过将胶体硬球粒子置于球状受限的空间中，获得了具有正二十面体结构的大尺寸胶体粒子超粒子 (supraparticle)，并证明该结构完全是由熵效应驱动形成的 (图 5.11)[42,44]。通过球状空间受限，体系内粒子的振动熵效应被增强，产生的熵力使得粒子能够在更大范围内自组织成这种独特的有序晶体结构。

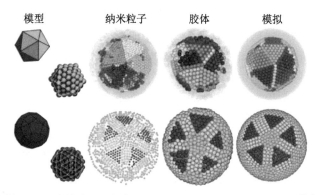

图 5.11 球状受限空间中的胶体粒子正二十面体有序结构 [42]

5.4.2 堆积

粒子堆积一般是指一定数量的粒子在外力 (压力、重力等) 的作用下形成一个集合体。压力堆积也能产生空间受限，所不同的是堆积的过程可以是动态的。随着堆积程度的变化，多粒子体系会涌现出丰富的堆积结构，这是因为堆积密度的变大会导致粒子因为自由空间或体系的变小而受限，进而有效增强体系的涌现性和熵力，并可能诱发强熵效应以驱动体系形成有序堆积结构。

对粒子堆积问题的研究是从单一尺寸球形粒子堆积开始的。对物理学家和材料学家来说，粒子堆积可以作为研究复杂系统的结构 (如液态 [45]、玻璃态 [46]、晶态 [47]) 及其相互转变的有效出发点。一般而言，普遍接受的三种堆积结构主要包括：无规松堆积 (random loose packing)、无规密堆积和有序堆积 (ordered packing)。无规松堆积是指粒子在外力作用下形成的自然堆积结构，球形粒子无规松堆积的堆积密度约为 0.60[48]。无规密堆积点是指堆积体内粒子之间相对位置不存在长程有序的情况下，体系所能达到的最大堆积密度，也即粒子无规堆积的密度上限，球形粒子的这一上限约为 0.64。对于硬胶体粒子来说，无规密堆积点就是熵致有序的起始点，因此在熵致有序的研究中对该点的确认和理解非常重要。

有序堆积是指堆积体内的粒子处于特定的位置所形成的周期性重复结构，这些粒子通常位于晶体晶格的点阵位置，表现为堆积体内的规则排列及粒子之间相互位置的长程相关性。硬胶体粒子的有序堆积完全可以由基于粒子振动熵的强熵效应导致。单一尺寸球形粒子有序排列所能达到的堆积结构包括面心立方 (FCC) 堆积和六方最密堆积 (hexagonal close packing, HCP)，其所对应的堆积密度约为 0.74，约四百年前开普勒就预言这一堆积密度是宇宙中同一尺寸球所能达到的最大堆积密度，近年来这一预言已被数学家从数学上进行了证明。需要指出的是，尽管 FCC 堆积和 HCP 具有相同的堆积密度，但是 FCC 晶体的熵值还是比 HCP 的略高，因此相对来说 FCC 是更为稳定的有序结构 [49]。

对于非球形的硬胶体粒子来说，影响有序结构形成的熵类型除了振动熵以外还有粒子的形状熵——稠密堆积情况下形状熵会导致形状定向熵力，以驱动非球形的粒子堆积成特定的有序排列 [34]。实际上，非球形粒子堆积问题长期以来也是科学界关注的重要问题之一。早在 1900 年，希尔伯特提出的著名的 23 个问题中就包括几何体的最密填充问题，其中特别提到了正四面体的填充。正四面体在堆积问题的研究中是一种重要的形状。在数学和物理方面对正四面体堆积问题的研究集中在找到正四面体作为晶格结点的有序堆积和正四面体团簇作为晶格结点的有序堆积所能达到的最大堆积密度上。1970 年，Hoylman[50] 算出正四面体在三维空间中重复排列的堆积密度约为 0.37；2006 年，Conway 等 [51] 获得更高的达到 0.71 的堆积密度；2008 年，Chen[52] 的计算表明存在达到 0.78 的更大密度的正四面体填充形式；2009 年，Torquato 等 [53] 提出了 ASC 算法，生成了密度达到 0.82 的正四面体填充结构，但是这种结构不是长程有序的，也就是说不是所谓的布拉维格子堆积形式。如果遵守某种布拉维格子形式的重复排列方式，是达不到那么高的堆积密度的。2009 年，美国密歇根大学的 Haji-Akbari 等 [54] 的工作又指出了堆积密度为 0.85 的堆积结构，值得一提的是，该工作中的正四面体硬胶体粒子是在形状定向熵力的驱动下形成正十二面体准晶簇，进而形成稠密的堆积体 (图 5.12)。

除了四面体外，科学家们还把对堆积问题的研究拓展到了多种形状更为复杂的各向异性硬粒子 [30,55]。随着堆积密度的不同，这些复杂的多面体粒子可以形成液晶、塑晶、准晶以及晶体等不同有序程度的堆积体。如图 5.13 所示，即便是同一种多面体粒子，在较低的堆积密度下会形成完全无序的液体结构；随着堆积密度的增加，则会形成平移有序但取向无序的塑晶结构；如果进一步增加堆积密度，则会稠密堆积成平移和取向都有序的晶体结构。当然，这些不同的热力学有序状态之间转变的点可能会随着粒子形状的改变而发生变化，这体现了形状定向熵力在其堆积有序过程中发挥着至关重要的作用。实际上，单纯通过调控粒子的形状，也会形成塑晶、液晶、晶体乃至准晶等多样的堆积结构 [30,55]。当然，复杂的形状也使得多面体胶体粒子的自组装、无规密堆积点和堆积有序等相较球形胶体粒子来说更为复杂，这一点我们在第 6 章中会专门介绍。当前，如何实现对复杂多面体粒子堆积结构的精准预测是该领域亟须解决的重要科学问题之一，实现这个目标对于发展新型功能材料来说具有重要的科学意义。

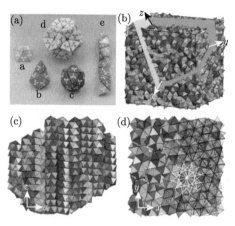

图 5.12　稠密堆积下正四面体粒子所形成的熵驱有序排列 [54]

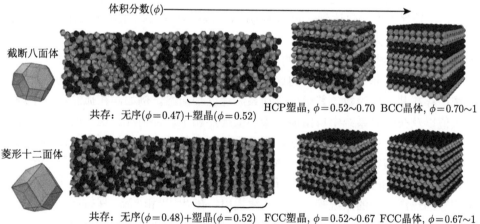

图 5.13　复杂多面体粒子在不同堆积密度下的聚集态结构 [55]

5.4.3　非平衡态

在软物质体系中，外部影响或系统本身的耗散 (如化学反应体系或颗粒物质等) 作用也会驱动体系自组织形成丰富的结构。与平衡态体系相比，此类体系的某些物理量，例如浓度、温度等，在系统内部各处并不呈现相等、均匀分布，因而被称为非平衡态体系。在封闭系统中，平衡态是系统必然的最终态，即终态是熵最大化的状态；在开放系统中，近平衡态系统的终态只能是平衡态，趋于熵最大化；只有远离平衡态的系统才可能趋于有序。在一瓶水中滴入一滴墨水，墨水将在水中渐渐扩散，最后均匀分布，停止扩散，这时达到平衡态。再比如，在自给自足的自然经济系统中，各家庭生产单位之间没有任何差别，整个系统均匀单一，因而呈现平衡态；而当经济系统中存在着复杂的分工协作关系，人口、产业等非均匀分布时，系统才呈非平衡态。可见只有呈非平衡态的系统方可能发展、进步。

　　熵常被用来描述系统的平衡或非平衡状态：熵达到最大值时，对应系统呈平衡态，此时体系的熵力为零；熵未达到最大值时，对应系统呈非平衡态。熵最大意味着系统的状态数最大化。接近平衡态的非平衡态叫近平衡态或线性平衡态，离平衡态足够远的非平衡态叫远离平衡态。根据我们在第 3 章中讨论熵力的特征时所指出的，系统的状态偏离最大熵状态越大，引发的熵力也越大。非平衡态与熵和熵力的关系提示我们可以通过在体系中引入非平衡态来调控体系中的熵效应。当然，引入非平衡态的途径多种多样，例如改变温度、施加外力场以及引入化学反应等。

　　软物质体系在非平衡状态下也会产生独特的有序自组织结构 [56]。1969 年，著名物理学家普里高津 (I. Prigogine) 提出了基于远离平衡态的开放系统的耗散结构理论。他指出，一个远离平衡态的开放系统通过不断地与外界进行物质和能量交换，在外界条件变化达到一定的阈值时，可以通过内部的作用产生自组织现象，使系统从原来的无序状态自发地转变为时空上和功能上的宏观有序状态，形成新的、稳定的有序结构。这种非平衡态下的新的有序结构就是耗散结构。那么，如何从理论上来描述非平衡状态下的这种有序结构？我们已经熟悉，在不同的热力学系统中存在某种势函数，其极值驱动系统趋近平衡态。例如，在孤立系统中熵的极大值以及在等温系统中自由能的极小值显然属于这种情况。现在的问题是在非平衡态是否也存在类似的势函数，驱动系统朝向某种稳定的但不是平衡的状态演变。实际上我们经常会遇到一些体系，外界的约束条件使得系统达不到平衡。例如，Belousov-Zhabotinsky 反应所导致的化学振荡现象 (图 5.14)，置于两个温度不相等的热浴之间的系统等。普里高津提出，在 "力" 和 "流" 保持线性关系的领域 (满足倒易关系) 之中，熵产生为极小值就提供这样的势函数。这就是最小熵产生原理。系统中熵产生为极小值的状态是非平衡的定态 (stationary state)，这是一种非平衡态，存在速率不为零的耗散过程。定态和平衡态一样也是稳定的，即系统对于干扰的响应导致干扰的消减。在近平衡区域中，如果外界约束条件不容许系统达到平衡，那么系统不得已而求其次，将向熵产生为极小值的定态演化。与向平衡态演变的过程相似，在向定态的演变之中，初始的条件都被遗忘了，只有趋向的终态是明确无误的 [57]。

　　非平衡态的最小熵产生原理表明，在非平衡态的开放体系中，体系的变化是

趋于有序的 (熵最小)，但变化的终点不是热力学的平衡态，而是有序的定态，这种定态的结构就是耗散结构。这与建立在孤立体系基础上的经典热力学的变化完全不同，后者总是自发地趋于熵最大的平衡态，对应的往往是无序状态。

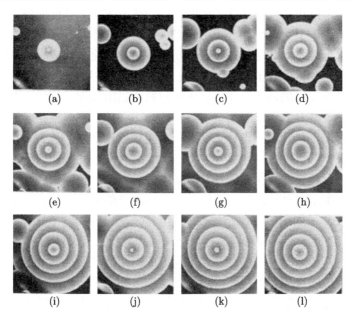

(a)　　　(b)　　　(c)　　　(d)

(e)　　　(f)　　　(g)　　　(h)

(i)　　　(j)　　　(k)　　　(l)

图 5.14　Belousov-Zhabotinsky 反应导致的非平衡态有序结构

5.5　熵调控策略的内部途径

基元在特定空间中的状态数与其本征物理性质密切相关，因而对强熵效应的产生往往有着十分重要的影响。熵调控策略的内部途径就是从基元的本征物理性质出发，实现对体系中熵效应的有效调控。这些本征物理性质主要包括柔顺性、形状、尺寸和表面性质等。

5.5.1　柔顺性

柔顺性是与基元的刚度相关的重要物理性质。当前，有关软物质体系中熵效应的讨论大部分都是基于硬粒子或等效的硬粒子，对于基元的 "软" 性质与熵之间的关系还需要深入的探讨。但是，有一种类型的基元比较特殊，这便是链状分子，例如聚合物、多肽和 DNA 分子等。链状分子的柔顺性源自其多变的分子构象，与之对应的是链的构象熵。描述链柔顺性的重要物理参量是持续长度和链长。一般来说，当链长越长、持续长度越短时，链的柔性越强，反之则链的刚度越大。因此，这两个物理量的比值常被用来定量地表征链的柔顺性。特别的，当链的长度与其持续长度相等或者非常接近时，为半刚性链；当链的长度比持续长度大几倍时，为柔性链，此时的链往往坍塌成无规线团状态；当链的长度比持续长度短很多时，为刚性链。刚性链甚至能呈现伸直的钢棒状形态，例如多肽大分子等。链的构象熵效应对链刚度的依赖是非单调的，一般情况下半刚性链的熵效应最强。有关这一点我们在本书第 7 章中还有专门的介绍，这里仅举一个例子予以说明。

动态共价反应是指基元间形成可逆动态共价键的化学反应。借助动态共价反应的可逆性质，可以设计自愈合材料和对外界环境产生可逆响应的新型功能材料。通过对动态共价反应的调控，还可以优化材料的黏附性能。例如，贻贝很强的黏附能力就是源于其含有多巴胺的蛋白质间的动态共价反应。根据贻贝蛋白质黏附性能的这种原理，科学家们设计了儿茶酚功能化的聚合物，从而实现了在水中的良好黏附效果[58]。有趣的是，实验结果表明，这种链末端基团间的反应大大依赖于链的柔顺性。特别的，在半刚性链时动态共价反应的效率最高，黏附能力也最强。为了深入揭示这种动态共价反应效率对链刚度的非单调依赖性所蕴含的分子机制，我们设计了如图 5.15(a) 所示的模型体系，包含了两个靠近的接枝 Janus 粒子，其接枝链的末端基团可以进行可逆的动态共价反应[59]。基于该模型的分子模拟结果表明，链末端基团的动态共价反应的确是非单调地依赖于链的刚度，其中半刚性链对应的反应效率最高，这与实验结果完全一致。通过运用单链平均场理论，进一步深入计算了链末端基团的接触空间，发现半刚性链末端所对应的接触空间最大。链末端基团的运动依赖于链自身的构象空间和构象熵：当接枝链非常柔顺时，链处于坍塌状态，因而其构象空间和构象熵都较小；当接枝链刚性很大时，钢棒状的链的构象空间和构象熵也非常小；只有在半刚性时，链的构象空间和构象熵足够大，使得末端基团可以分布到更大的空间中，因而相互接触的概率就高，反应效率相应地也最大 (图 5.15(b))。

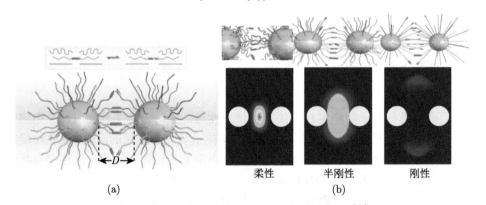

图 5.15　链柔顺性介导的动态共价键反应效率[59]

可见，根据链状分子构象熵效应对链柔顺性的这种非单调依赖关系，选择半刚性的链会更易于实现强熵效应。这就不难理解为什么 DNA 等链状生物大分子大部分情况下都是半刚性的了。

5.5.2 形状

随着合成技术的不断发展，人们已经能够在很大程度上合成和制备具有微纳尺度下特定形状的粒子。通过控制粒子的长径比、面数和几何结构等，可以获得形形色色的具有复杂形状的粒子。在软物质体系的结构形成中，与形状相对应的是形状熵，形状熵通过形状定向熵力来发挥作用，以使得体系的形状熵最大化。所谓形状定向熵力，是指非球形粒子在形状的诱导下通过协同取向和排列使整个体系取得最大形状熵的一种熵力，这一点我们在第 3 章中介绍形状熵的时候已经明确定义。有关形状熵最为典型的例子是各向异性胶体粒子在堆积受限环境中的有序化。在该体系中，粒子会依据其形状而排列，使得相邻粒子的面与面之间尽可能多地取向一致，从而减少了相互之间的立构排斥。这样，每个粒子都可以获得一定的自由体积，整个体系取得最大化的熵。形状定向熵力在软物质体系中所起作用的强弱与基元的形状密切相关，通常情况下可达几个 k_BT，与范德瓦耳斯力和排空力的大小相当，足以单独驱动粒子自组装成有序晶体结构。顾名思义，我们可以通过对基元形状的控制来实现基于形状熵的强熵效应。下面我们就举例具体说明形状熵是如何依赖于基元形状的。

如图 5.16 所示，考察处于排空子中的两种具有典型形状的粒子对 [34]。其中一种是胶体硬球，另外一种是球柱。对于这两种类型的基元，我们可以采用不同的途径来逐步改变其形状的各向异性程度。例如，对于硬球体，如果切掉球的一部分，就可以得到曲率为零的切面，相应的粒子的形状也从各向同性的球形变成各向异性。进一步，如果通过从球面上的一点向其在球面上相对的另一点逐步地切削球，就可以得到各向异性逐步增强的粒子 (图 5.16(e))；对于球柱体，可以逐步增大两个球帽之间的距离，这样其各向异性程度也会逐步地变大 (图 5.16(f))。在排空子中，排空力作用下两个各向异性粒子之间会发生堆积，进而产生与形状相关的定向熵力，这一点我们在第 3 章中已经详细介绍过。如图 5.16(c) 和 (d) 所示，这两种不同类型的粒子对的堆积会产生不同类型的形式，但其中仅有一种可以称为完美的配对，也即使得体系的熵最大，这便是切削硬球的切削面之间相互贴合或者球柱沿长轴方向平行排列。这种熵最大化是由于形状各向异性导致的定向熵力主导的，所以球的切削面和球柱的长轴也可以称为诱发定向组装的熵补丁 [60]。图 5.16(a) 和 (b) 分别给出了这两种基元完美配对的比例随着粒子各向异性程度的变化所呈现的变化趋势，可见粒子的各向异性程度越大，完美配对的比例也越大，表明形状熵效应可以通过控制粒子的各向异性程度来调控。一般情况下，各向异性越明显的粒子对应的形状定向熵力也越大，更易于产生基于形状熵的强熵效应。

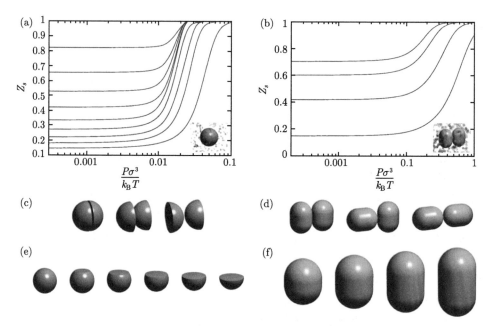

图 5.16   形状熵效应对基元形状各向异性的依赖性 [34]

5.5.3   尺寸

我们在第 4 章中介绍熵效应介导的嵌段共聚物纳米复合体系自组装多级结构
(图 4.4) 时，曾提及纳米粒子的尺寸改变会引发对应的嵌段链构象熵效应，进而
主导该体系多层级结构的形成。可见，基元的尺寸变化可能大大影响体系的熵效
应。实际上，该方面最为典型的例子当属尺寸非对称的二元硬球胶体粒子在堆积
条件下的有序结构组织。在前几章中我们曾详细阐述过，单组分胶体硬球粒子在
无规密堆积点附近会发生纯熵驱动的凝固结晶，也即从无序液体转变成六边形有
序晶体。与此类似，在堆积环境下，非对称二元硬球胶体粒子的结构组织中熵效
应也可能会扮演至关重要的角色。因此，通过调控体系中不同组分粒子的尺寸比
例或者浓度，就有可能有效改变或增强该体系中的熵效应，进而形成种类更加丰
富的有序自组织结构。

将两种不相似的基元混在一起，有可能形成不同类型的有序晶格结构，对应
的尺度范围可以涵盖晶胞中原子的有序堆积甚至更大尺度上的所谓超晶格结构。
例如，将钠原子和锌原子混在一起会形成 AB_{13} 形式的晶格结构，其中每个晶胞
包含 112 个对应的原子。长期以来，人们认为这些有序晶格结构的形成离不开基
元间的基本相互作用。但是从 20 世纪 50 年代末期开始，随着对硬球胶体粒子在

堆积情况下从无序液体到有序晶体的凝固转变现象的深入认识，熵在堆积有序晶格结构形成中所起到的重要作用日益受到重视。到 1993 年，科学家们通过对二元尺寸非对称的胶体硬球粒子进行计算机模拟研究，揭示出该体系完全可以在纯熵驱动的情况下形成种类多样且稳定的有序超晶格结构，可见基元间的基本相互作用并不是必需的驱动力 [61]。此后，通过调控体系中二元胶体粒子的尺寸和组分含量的非对称性，获得了更多与二元化合物原子晶胞结构，例如 NaCl、CuAu、AlB$_2$、MgZn$_2$、MgNi$_2$ 等，相似的复杂胶体超晶格结构 (图 5.17)[62,63]。

图 5.17　二元硬球胶体粒子在堆积环境中的熵驱有序超晶格 [63]

　　单一组分的胶体硬球在无规密堆积点开始出现有序化，此时粒子的体积分数约为 0.64，而在体积分数约为 0.74 的时候形成稠密堆积结构。直观上，二元非对称胶体硬球体系出现有序转变的体积分数应该要小得多，因为只有大粒子形成有序化排列，才能提供更多的空间给小粒子以使其获得更大的振动熵。但是，硬球体系的组织结构归根结底还是决定于体系内熵的最大化，也即基元间通过协同效应使体系的熵最大。所以，二元硬球混合体系到底是形成小粒子穿插于大粒子之间的超晶格结构，还是分离成各自有序排列的相区，取决于这两种结构谁的熵更大。这也为通过控制大小球的体积比、组分分数以及体系的堆积程度等来调控体系的组织结构提供了重要依据。例如，在如图 5.18 所示的二元混合体系中，当

小球和大球的数量比为 5:1 时，体系形成小球穿插于大球之间的混合结构，因为
此时大、小球都有一定的自由空间且两种组分的混合程度最大，体系取得振动熵
和混合熵之和的最大化。大、小球的数量比增至 29:1 时，可以看到小球除了穿插
于大球之间外，还在体系顶端形成了小的相区，这表明两种组分的混合程度下降，
体系的混合熵相应地减小。但是，通过相区的分离，"行动灵活" 的小球可以形成
单独的相区，因而有更大的活动空间。这样体系的振动熵相应地得以增大，总的
熵实现最大化。当大、小球的数量比继续增至 151:1 时，体系明显分离成较大尺
寸的小粒子相区和被压缩的大粒子相区，此时小粒子的振动熵完全主导了结构的
形成。实际上，在这么高的比例下，体系表现出了典型的排空效应，也即小粒子
可以视为排空子，促使大粒子之间发生凝聚和堆积 [64]。

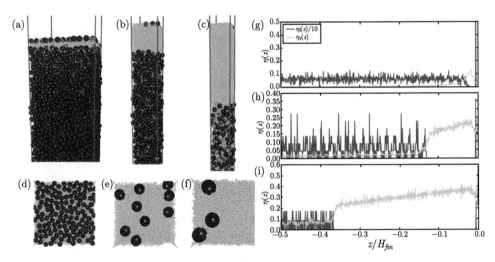

图 5.18   二元胶体粒子的堆积结构对大、小粒子相对数量的依赖性。其中大粒子和小粒子的
尺寸比为 7:1，而数量比为：(a)、(d)、(g) 5:1；(b)、(e)、(h) 29:1；(c)、(f)、(i) 151:1[64]

5.5.4   表面性质

基元的表面性质主要包括表面化学修饰和粗糙度等。通过对均相表面进行各
向异性的化学修饰，可以在基元间的相互作用中引入定向性。但是，基元在这些
表面图案引导下的相互作用过程中，却有可能产生很强的熵效应。例如，我们在
4.3 节中介绍过的三嵌段补丁粒子在各向异性表面的引导下所形成的 Kagome 结
构，即是表面作用与粒子旋转熵共同作用的结果 (图 4.7)。有关这种相互作用引
发或增强的熵效应，我们在 4.3 节介绍能量介导的涌现行为时也已经阐述过，其
复杂性体现在能量与熵效应的相互交缠：一方面，与完全没有能量贡献的纯熵体
系相比，表面定向作用的存在相当于给熵效应提供了相应的限制条件，使得体系

的熵只能在表面作用的限制下取得最大化；另一方面，表面定向作用的存在有时也相当于给熵效应搭建了一个平台，使得熵力的涌现性可以借助这个平台发挥作用。这也提示我们，如果表面化学修饰后的基元的最终组装结构与直觉上不一致，就需要更加深入地分析和判断体系内可能潜在的强熵效应。

与基元表面的化学修饰不同，改变表面的粗糙度或许不会在很大程度上改变其相互作用，但粗糙表面之间容易产生缝隙，这在一定程度上会影响基元间的接触；同时，粗糙表面之间往往有更大的摩擦力，会干扰粒子的相互运动。这些情况都可能引发较强的熵效应。例如，在图 5.19 所示的体系中，若将具有光滑和粗糙表面部分的哑铃形粒子置于高分子溶液中，就会自组装成胶体团簇 (图 5.19(f))，其中表面光滑的部分倾向于团聚在团簇的中心[65]。我们知道，处于高分子溶液中的粒子会产生熵驱动的排空力，进而引发粒子凝聚 (详见 3.3.2 节)。其原因在于，通过粒子表面的相互接触，可以减少排空层的体积，进而提供更多的自由空间给高分子链以使其获得更大的构象熵。但是，如图 5.19(b) 所示，相较于光滑表面，粗糙表面的高低起伏使得粒子表面接触面积变小，因而排空层减小的程度就小，引起的熵增也会相应变小。所以粒子更倾向于光滑表面间的接触，以便使体系内的熵更大。此外，粗糙表面间的作用还会限制粒子的转动或平动自由度，使其平动熵和转动熵下降，这也促使粒子更倾向于表面光滑部分相互接触和团聚。

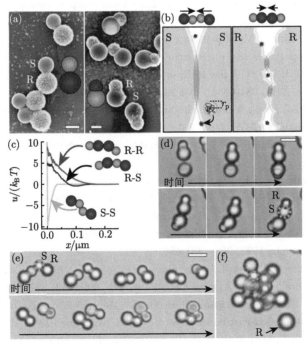

图 5.19 粒子表面粗糙度诱发的熵效应[65]

参 考 文 献

[1] Bates F S, Fredrickson G H. Block copolymers—designer soft materials. Phys. Today, 1999, 52(2): 32-38.

[2] Jones R A L, Richards R W. Polymer at Surfaces and Interfaces. New York: Cambridge University Press, 1998.

[3] Yan L T, Xie X M. Numerical simulation of surface effects on spinodal decomposition in polymer binary mixture: quench depth dependence. Macromolecules, 2006, 39(6): 2388-2397.

[4] Wu L H, Willis J J, McKay I S, et al. High-temperature crystallization of nanocrystals into three-dimensional superlattices. Nature, 2017, 548(7666): 197-201.

[5] Wojtecki R J, Meador M A, Rowan S J. Using the dynamic bond to access macroscopically responsive structurally dynamic polymers. Nat. Mater., 2011, 10(1): 14-27.

[6] Chen D Y, Jiang M. Strategies for constructing polymeric micelles and hollow spheres in solution via specific intermolecular interactions. Acc. Chem. Res., 2005, 38(6): 494-502.

[7] Chen Y L, Kushner A M, Williams G A, et al. Multiphase design of autonomic self-healing thermoplastic elastomers. Nat. Chem., 2012, 4(6): 467-472.

[8] 徐江飞, 张希. 中国超分子聚合物的研究与动态. 高分子学报, 2017, 1: 37-49.

[9] Fouquey C, Lehn J M, Levelut A M. Molecular recognition directed self-assembly of supramolecular liquid crystalline polymers from complementary chiral components. Adv. Mater., 1990, 2(5): 254-257.

[10] Rogers W B, Shih W M, Manoharan V N. Using DNA to program the self-assembly of colloidal nanoparticles and microparticles. Nat. Rev. Mater., 2016, 1(3): 16008.

[11] MacFarlane R J, Lee B, Jones M R, et al. Nanoparticles superlattice engineering with DNA. Science, 2011, 334(6053): 204-208.

[12] Zhu G L, Xu Z Y, Yang Y, et al. Hierarchical crystals formed from DNA-functionalized Janus nanoparticles. ACS Nano, 2018, 12(9): 9467-9475.

[13] Cademartiri L, Bishop K J M. Programmable self-assembly. Nat. Mater., 2014, 14(1): 2-9.

[14] Li Y H, Girard M, Shen M, et al. Strong attractions and repulsions mediated by monovalent salts. Proc. Nat. Acad. Sci. USA, 2017, 114(45): 11838-11843.

[15] Lvov Y, Decher G, Moehwald H. Assembly, structural characterization, and thermal-behavior of layer-by-layer deposited ultrathin films of poly(vinyl sulfate) and poly(ally-lamine). Langmuir, 1993, 9(2): 481-486.

[16] Sun T L, Wang G J, Feng L, et al. Reversible switching between superhydrophilicity and superhydrophobicity. Angew. Chem. Int. Ed., 2004, 43: 357-360.

[17] Fu Q, Rama Rao G V, Basame S B, et al. Reversible control of free energy and topography of nanostructured surfaces. J. Am. Chem. Soc., 2004, 126(29): 8904-8905.

[18] Sun T L, Feng L, Gao X F, et al. Bioinspired surfaces with special wettability. Acc. Chem. Res., 2005, 38: 644-652.

[19] Barthlott W, Neinhuis C. Purity of the sacred lotus, or escape from contamination in biological surfaces. Planta, 1997, 202(1): 1-8.

[20] Wang C, Wang Z Q, Zhang X. Amphiphilic building blocks for self-assembly: from amphiphiles to supra-amphiphiles. Acc. Chem. Res., 2012, 45(4): 608-618.

[21] 张希, 王朝, 王治强. 超两亲分子：可控组装与解组装. 中国科学：化学, 2011, 41(2): 216-220.

[22] Béguin L, Vernier A, Chicireanu R, et al. Direct measurement of the van der Waals interaction between two Rydberg atoms. Phys. Rev. Lett., 2013, 110(26): 263201.

[23] Zhang J, Chen P, Yuan B, et al. Real-space identification of intermolecular bonding with atomic force microscopy. Science, 2013, 342(6158): 611-614.

[24] 樊春海, 刘冬生. DNA 纳米技术：分子传感、计算与机器. 北京: 科学出版社, 2011.

[25] Chaikin P M, Lubensky T C. Principles of Condensed Matter Physics. New York: Cambridge University Press, 2000.

[26] Sijbesma R P, Beijer F H, Brunsveld L, et al. Reversible polymers formed from self-complementary monomers using quadruple hydrogen bonding. Science, 1997, 278(5343): 1601-1604.

[27] Madsen J J, Grime J M A, Rossman J S, et al. Entropic forces drive clustering and spatial localization of influenza a M2 during viral budding. Proc. Natl. Acad. Sci. USA, 2018, 115: E8595-E8603.

[28] Martiniani S, Chaikin P M, Levine D. Quantifying hidden order out of equilibrium. Phys. Rev. X, 2019, 9: 011031.

[29] Wang Z G. 50th anniversary perspective: polymer conformation—a pedagogical review. Macromolecules, 2017, 50(23): 9073-9114.

[30] Damasceno P F, Engel M, Glotzer S C. Predictive self-assembly of polyhedra into complex structures. Science, 2012, 337(6093): 453-457.

[31] Zhu G L, Huang Z H, Xu Z Y, et al. Tailoring interfacial nanoparticle organization through entropy. Acc. Chem. Res., 2018, 51(4): 900-909.

[32] Liu Z Y, Guo R H, Xu G X, et al. Entropy-mediated mechanical response of the interfacial nanoparticle patterning. Nano Lett., 2014, 14(12): 6910-6916.

[33] Zhang R, Lee B, Stafford C M, et al. Entropy-driven segregation of polymer-grafted nanoparticles under confinement. Proc. Nat. Acad. Sci. USA, 2017, 114: 2462-2467.

[34] van Anders G, Klotsa D, Ahmed N K, et al. Understanding shape entropy through local dense packing. Proc. Nat. Acad. Sci. USA, 2014, 111: E4812-E4821.

[35] Chang S S, Shih C W, Chen C D, et al. The shape transition of gold nanorods. Langmuir, 1999, 15(3): 701-709.

[36] Gang O, Zhang Y G. Shaping phases by phasing shapes. ACS Nano, 2011, 5(11): 8459-8465.

[37] Meng G, Paulose J, Nelson D R, et al. Elastic instability of a crystal growing on a curved surface. Science, 2014, 343(6171): 634-637.

[38] Irvine W T M, Vitelli V, Chaikin P M. Pleats in crystals on curved surfaces. Nature, 2010, 468(7326): 947-951.

[39] Shin K, Xiang H Q, Moon S I, et al. Curving and frustrating flatland. Science, 2004, 306(5693): 76.

[40] Dobriyal P, Xiang H Q, Kazuyuki M, et al. Cylindrically confined diblock copolymers. Macromolecules, 2009, 42(22): 9082-9088.

[41] Yu B, Sun P C, Chen T H, et al. Confinement-induced novel morphologies of block copolymers. Phys. Rev. Lett., 2006, 96(13): 138306.

[42] de Nijs B, Dussi S, Smallenburg F, et al. Entropy-driven formation of large icosahedral colloidal clusters by spherical confinement. Nat. Mater., 2015, 14(1): 56-60.

[43] Frank F C. Supercooling of liquids. Proc. R. Soc. Lond. A, 1952, 215: 43-46.

[44] Montanarella F, Geuchies J J, Dasgupta T, et al. Crystallization of nanocrystals in spherical confinement probed by in situ X-ray scattering. Nano Lett., 2018, 18: 3675-3681.

[45] Bernal J D, Mason J. Co-ordination of randomly packed spheres. Nature, 1960, 188(4754): 910-911.

[46] Torquato S. Glass transition: hard knock for thermodynamics. Nature, 2000, 405(6786): 521-523.

[47] Frenkel D. Playing tricks with designer "atoms". Science, 2002, 296(5565): 65-66.

[48] Scott G D, Kilgour D M. The density of random close packing of spheres. J. Phys. D: Appl. Phys., 1969, 2(6): 863-866.

[49] Woodcock L V. Entropy difference between the face-centred cubic and hexagonal close-packed crystal structures. Nature, 1997, 385(6612): 141-143.

[50] Hoylman D J. The densest lattice packing of tetrahedra. Bull. Am. Math. Soc., 1970, 76(1): 135-137.

[51] Conway J H, Torquato S. Packing, tiling, and covering with tetrahedra. Proc. Nat. Acad. Sci. USA, 2006, 103(28): 10612-10617.

[52] Chen E R. A dense packing of regular tetrahedra. Discrete Comput. Geom., 2008, 40(2): 214-240.

[53] Torquato S, Jiao Y. Dense packings of the Platonic and Archimedean solids. Nature, 2009, 460(7257): 876-879.

[54] Haji-Akbari A, Engel M, Keys A S, et al. Disordered, quasicrystalline and crystalline phases of densely packed tetrahedra. Nature, 2009, 462(7274): 773-777.

[55] Agarwal U, Escobedo F A. Mesophase behaviour of polyhedral particles. Nat. Mater., 2011, 10: 230-235.

[56] Balazs A C, Epstein I R. Emergent or just complex? Science, 2009, 325(5948): 1632-1634.

[57] 冯端, 冯少彤. 溯源探幽: 熵的世界. 北京: 科学出版社, 2005.

[58] Ahn B K, Lee D W, Israelachvili J N, et al. Surface-initiated self-healing of polymers in aqueous media. Nat. Mater., 2014, 13(9): 867-872.

[59] Xu G X, Huang Z H, Chen P Y, et al. Optimal reactivity and improved self-healing capability of structurally-dynamic polymers grafted on Janus nanoparticles governed by chain stiffness and spatial organization. Small, 2017, 13(13): 1603155.

[60] Damasceno P F, Engel M, Glotzer S C. Crystalline assemblies and densest packings of a family of truncated tetrahedra and the role of directional entropic forces. ACS Nano, 2012, 6(1): 609-614.

[61] Eldridge M D, Madden P A, Frenkel D. Entropy-driven formation of a superlattice in a hard-sphere binary mixture. Nature, 1993, 365(6441): 35-37.

[62] Shevchenko E V, Talapin D V, Kotov N A, et al. Structural diversity in binary nanoparticle superlattices. Nature, 2006, 439(7072): 55-59.

[63] Shevchenko E V, Talapin D V, Murray C B, et al. Structural characterization of self-assembled multifunctional binary nanoparticle superlattices. J. Am. Chem. Soc., 2006, 128(11): 3620-3637.

[64] Fortini A, Martín-Fabiani I, de la Haye J L, et al. Dynamic stratification in drying films of colloidal mixtures. Phys. Rev. Lett., 2016, 116(11): 118301.

[65] Kraft D J, Ni R, Smallenburg F, et al. Surface roughness directed self-assembly of patchy particles into colloidal micelles. Proc. Nat. Acad. Sci. USA, 2012, 109(27): 10787-10792.

第 6 章　胶体体系的熵调控

本章主要介绍熵策略在胶体体系中的应用。首先介绍了形状熵及其与各向异性粒子的关系，说明并区分了自组装和堆积的基本概念；在此基础上探讨了熵键与熵晶体的本质，引出了熵稳定胶体晶体的意义，并深入介绍了熵效应在成核过程中的关键作用；最后讨论了在排空效应介导自组装中熵效应的具体体现。

6.1　形状熵与各向异性胶体粒子

自然界存在着各种各样的形状。比如圆饼状的红细胞、树枝状的神经细胞，其特定功能的实现都离不开对应的形状。而在胶体体系中，粒子的形状同样扮演着至关重要的角色。正如我们在第 2 章中介绍的 Onsager 原理，在体系浓度大于某一临界浓度的时候，棒状分子会自发地从各向同性无序相转变为向列排列的有序相。在许多类似的体系中，具有一定形状的胶体粒子被看做是刚性的，体系内的相互作用只有粒子间的位阻效应，在体系发生相变的时候，焓的作用几乎为零，驱动力来源于胶体的固有形状，也就是在前述几章中介绍过的形状熵。

尽管越来越多的证据表明胶体粒子的形状与体系的相变行为息息相关，形状熵是如何介导这一过程的仍然缺乏有力的理论依据。一种常见的解释是将形状熵理解为一种力的作用，这种力会驱使多面体胶体粒子形成定向的、面对面的排列，因此该力被定义为定向熵力[1]。定向熵力通过协同粒子间的取向和排列使整个体系熵最大化。在定向熵力的作用下，多面体胶体粒子会倾向于形成面对面的排列，以减小相互之间的立构排斥，在这种情况下，每个粒子都可以获得一定的自由体积，从而使得整个体系的熵最大化。

与四种基本相互作用力不同，定向熵力是整个体系微观状态统计结果的宏观表现，既不是严格定义过的物理量，也不曾定量描述。因此，需要引入平均力矩势的概念来定义定向熵力并将其定量化[2]。在 3.3 节中，首先给出了详细的理论推导公式。而具体在用蒙特卡罗 (MC) 方法模拟硬粒子的构象时，我们统计粒子对之间所有可能的排列出现的频率，进而通过计算配分函数得出粒子对间的平均力矩势。同熵一样，熵力也是统计意义的概念，是一个系统微观状态的统计结果的宏观表达，因此平均力矩势既反映了粒子对的某种排列出现的概率，也反映了定向熵力的大小[3]。

以正立方体的堆积为例，计算结果发现正立方体之间面对面排列的概率最大，如图 6.1 所示，其定向熵力的大小最多可超过 $4k_BT$，与范德瓦耳斯力处在同一数量级，足以单独驱动胶体粒子的自组装[2]。同时，计算结果显示，定向熵力只有在体系堆积较密的时候才能有效驱动粒子的自组装，与实验结果相吻合，表明定向熵力是具有涌现性的，它不是单独粒子的性质，而是整个体系的统计行为。所有的胶体粒子都采取最优的排列和取向，才能使得整个体系的熵最大化。

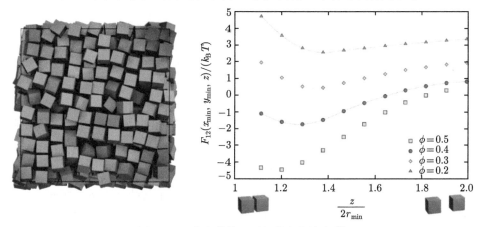

图 6.1　正立方体粒子对间的定向熵力[2]

形状熵的本质源于胶体粒子的各向异性，各向异性是指物质的物理或化学性质随着方向的改变而发生变化，在不同的方向上呈现出差异的性质。对于传统的各向同性球形胶体粒子，其组装形成的材料一般只具有简单的对称性，比如面心立方堆积、六方最密堆积或者体心立方堆积。随着合成技术的不断发展，利用表面修饰、添加补丁粒子、接枝聚合物等方法合成的各向异性胶体粒子拓展了自组装所形成结构的复杂性；同时，越来越多不同形状 (棒状、椭球状、多面体等) 的结构被实验合成并自组装形成结构更加复杂的功能材料[4]。一般而言，胶体粒子的各向异性可以分为表面各向异性和形状各向异性。

例如，Janus 粒子是一类具有表面各向异性的粒子，其名称来源于古罗马神话中的两面神 (传说中，Janus 有两副面孔；一个在面前，一个在脑后；一面看着过去，一面看着未来，图 6.2(a))。Janus 粒子由于在结构和性质上具有不对称性，自组装往往会形成各种特殊的结构，如图 6.2(b) 所示，在非密堆积的情况下会在低浓度时形成不稳定的小团簇结构，并在高浓度时以四面体的模式定向生长[5]；在密堆积的情况下会形成粒子位置周期排列而取向随机的塑晶结构，并在施加剪切的条件下形成取向垂直于剪切方向的晶体结构，尽管热力学稳定的结果主要是由熵作用决定的，Janus 粒子的转动熵和振动熵也极大地影响着动力学的过程[6]。

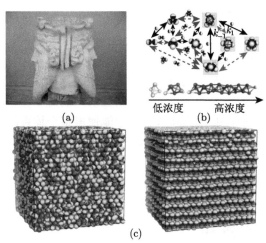

图 6.2　古罗马神话中的两面神 (a) 以及 Janus 粒子的非密堆积 (b)[5] 和密堆积 (c)[6] 组装结构

　　多面体胶体粒子具有典型的形状各向异性。如图 6.3 所示，对 145 种多面体的自组装研究发现，多面体的形状在很大程度上决定着组装形成的晶体类型：外形类似于球的多面体倾向于组装形成塑晶结构，而扁平状的多面体更倾向于组装形成液晶结构 [7]。多面体胶体粒子的形状熵为自下而上地预测其组装结构提供了重要途径。

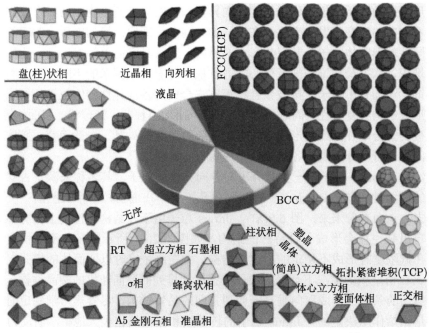

图 6.3　不同形状的多面体自组装形成不同的晶体类型 [7]

6.2 自组装，堆积

6.2.1 自组装

自组装是基本结构单元 (分子，纳米材料，微米或更大尺度的物质) 自发形成有序结构的过程。不同于原子晶体间的共价键，诱导基本结构单元发生自组装的作用力一般是一些较弱的作用力，比如范德瓦耳斯力、氢键以及硬粒子间的熵力，这类弱相互作用在材料中尤其是在生命系统中占有重要地位。典型的自组装结构包括分子晶体、磷脂双分子层、囊泡、嵌段共聚物熔体以及一些纳米超晶格结构。

自组装的特点是弱相互作用驱动，比如在纳米粒子表面接枝 DNA 单链，利用互补碱基间的氢键作用诱导纳米粒子进行自组装，是近些年来逐渐兴起的材料制备新途径，已经得到了各种晶型的超晶格结构 (图 6.4(a))。得益于驱动自组装的弱相互作用，纳米粒子在组装过程中可以相对自由地运动。随着退火过程的进行，碱基间的氢键动态地形成和断开，最终达到全局能量最低的状态，而不会陷于热力学势阱。

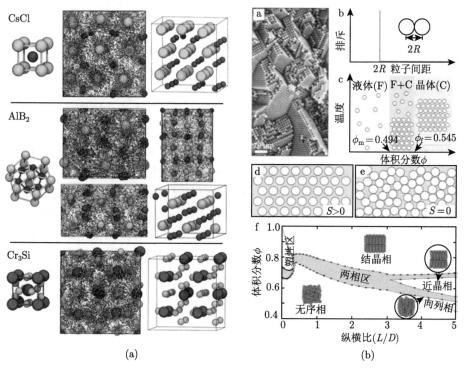

(a) (b)

图 6.4 DNA 诱导纳米自组装 (a) 和硬粒子的自组装 (b)[8]

其次，自组装的结果完全由基本结构单元的形状等性质所决定。在复杂的组装过程当中，熵作用往往会起到意想不到的效果。对于没有焓相互作用的硬球，如果体系处于非晶态，硬球都拥挤在一起时，多数粒子的振动受到限制，体系的熵很低；而如果硬球呈现有序排列，每个粒子都有一定的自由体积，整体的振动熵更大，因此熵会驱使体系自发形成结晶 (图 6.4(b))，也即遵循强熵效应 [8,9]。而对于不同长径比的硬棒，其固有形状不同，在转动熵和振动熵的影响下，随堆积密度的变化会展现出不同的相转变行为，这也是自组装的重要特征。

自组装的过程标志着从无序到有序的转变，广泛地存在于生命体系当中，理解自组装对于研究新型的功能材料也具有重要的启发意义。目前，通过这种自底而上的模式，以自组装的方式构造组装结构及其复合材料取得了很大的进展。通过设计可调控的基本单元结构，组装的材料具有非常好的电、热导率，优异的阻燃、抗氧化、防腐蚀性能，广泛地应用于光电器件、能源存储、催化等领域 [10]。

6.2.2　堆积

堆积一般是指一定数量的粒子以不重叠的方式通过某种空间排列形成一个整体。研究粒子最理想的堆积结构是一个源远流长的数学问题。在 17 世纪初期，开普勒就猜想同一大小的球可能形成的最密堆积是面心立方堆积和六方最密堆积。直到 1998 年，美国密歇根大学的黑尔斯教授宣布通过计算机编程计算证明了这一猜想，当时多达 3GB 的计算机数据以及不寻常的证明方式并没有得到广泛的认可；经过 4 年多漫长的验证工作，在 2003 年，数学家们认为黑尔斯的证明具有 99% 的可信度，才给这一猜想画上一个完整的句号。尽管面心立方堆积和六方最密堆积的堆积密度均为 $\pi/\sqrt{18} \approx 0.74$，理论计算发现面心立方堆积的自由能比六方最密堆积更低 [11]，实验体系也发现粒子的堆积更容易形成面心立方结构 [12]，因此面心立方堆积是公认的非受限条件下无穷多同一大小的球最稳定的堆积 [13]。

而当粒子个数有限时或者在受限条件下，研究最密堆积是非常困难的，通常无法通过理论计算获得精确的结果。为了得到有限个粒子的最密堆积，研究者在实验中先将水和甲苯混在一起制成水包油的液滴，然后将聚苯乙烯微球分散在液滴里，随着液滴中的甲苯逐渐蒸发，就得到了聚苯乙烯在球形受限条件下的最密堆积结构 (图 6.5(a))[14]。当粒子个数为 4~11 时，最密堆积的结构都展现出高度的对称性，而粒子个数为 12~15 时，结构没有对称性。更进一步的研究表明，无论是否具有对称性，最密堆积都是使得整体二阶矩 $M_2 = \sum_{i=1}^{n} |r_i - r_0|^2$ 最小的结构，其中 r_i 是每个粒子的空间坐标，r_0 是质心的空间坐标。

为了研究硬球在受限条件下的最密堆积，以一根无限长的柱子中的球形粒子堆积为例，可以采用序列线性规划 (sequential linear programming, SLP) 的方法。

经过多步迭代之后得到的结果显示，硬球在柱状受限条件下的最密堆积都是螺旋结构 (图 6.5(b))，包括单螺旋、双螺旋、三螺旋等，并且大部分结构具有手性 [15]。需要指出的是，当前对受限行为的研究仅限于柱子和硬球的直径比小于 4.0 的情况。

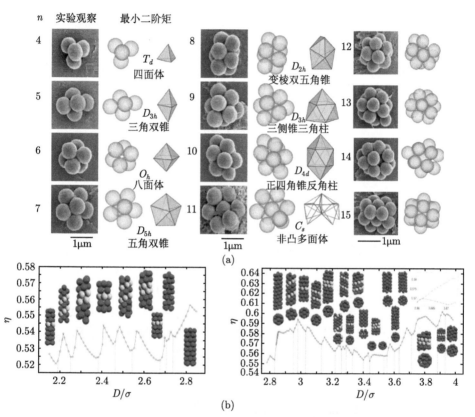

图 6.5 有限粒子个数的堆积 (a)[14] 和受限条件下的堆积 (b)[15]

在上述例子中，当液滴中聚苯乙烯粒子数量增多或者柱子和硬球的直径比例增大到一定程度的时候，最终的堆积结果一定会是面心立方堆积 [14]，然而中间过渡态的堆积尚不清楚，值得更深入的探讨。

6.2.3 自组装与堆积的关系

自组装与堆积研究的都是粒子的空间排列，不同点在于自组装侧重于无序到有序的转变，而堆积侧重于粒子的紧密排列。在大部分的情况下，最密堆积的结果与自组装形成的结构是一致的。然而有时候两者会出现偏差，比如我们在 4.3 节中提到的 DNA 功能化的纳米粒子，如果按照堆积的规则，同种类型的纳米粒子一定会形成面心立方的堆积。然而当 DNA 链较长的时候, 链的柔顺性变大, 需要更大的空间展现更多的链构象数, 以获得更大的构象熵, 这时候纳米粒子会形成体心立方的结构 [16]。

为了研究堆积规则在何种情况下能够正确预测热力学稳定的结构, 我们以正方体基本单元为例, 介绍自组装与堆积的区别。在蒙特卡罗模拟正方体基元的组装和堆积时, 逐渐增大体系的密度, 体系会从液相 (各向同性) 转变为两相共存, 再转变为固相 (各向异性), 用 η_{assembly} 表示体系发生自组装时的密度, 也就是从两相共存转变为固相时的密度, 为 $\eta_{\text{assembly}} \approx 0.5$。而当堆积发生的时候, 也就意味着体系的状态和堆积密度最大时的状态相似, 根据广义麦克斯韦关系, 体系满足

$$\left(\frac{\partial \mu_i}{\partial P}\right)_{N,T,\alpha_j} = \frac{1}{\eta^2}\left(\frac{\partial \eta}{\partial \alpha_i}\right)_{N,P,T,\alpha_{j\neq i}} \tag{6.1}$$

如果定义

$$\epsilon(P) = \left|\left(\frac{\partial \mu_i}{\partial P}\right)_{N,T,\alpha_j} - \lim_{P\to\infty}\frac{1}{\eta^2}\left(\frac{\partial \eta}{\partial \alpha_i}\right)_{N,P,T,\alpha_{j\neq i}}\right| \tag{6.2}$$

那么在堆积发生的时候, $\epsilon(P) \approx 0$, 此时的堆积密度用 η_{packing} 表示, $\eta_{\text{packing}} \approx 0.95$。我们知道, 无规密堆积点是指体系不存在长程有序的情况下所能达到的最大堆积密度 [17,18], 用 η_{rcp} 表示 ($\eta_{\text{rcp}} \approx 0.74$), 当体系的密度大于 η_{rcp} 时, 体系处于有序的状态。根据计算结果, $\eta_{\text{assembly}} < \eta_{\text{rcp}} < \eta_{\text{packing}}$ (图 6.6), 表明体系在堆积行为发生之前就已经完成了无序到有序的转变, 并且即使体系突然压缩到 η_{packing}, 也一定会先经过 η_{rcp}, 也就是体系一定会先出现序 [19]。

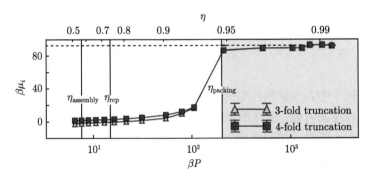

图 6.6 正方体基元体系中的 η_{assembly}、η_{rcp}、η_{packing}[19]

综上所述, 自组装寻求的是热力学最稳定的结构, 堆积的目标是最大的密度。就此而言, 无法用堆积规则来预测自组装结构。

6.3　熵键与熵晶体

　　用化学方法研究物质的组成、性质、结构与变化规律通常都是基于键的概念。传统的化学键包括离子键、共价键和金属键。其中，离子键是由于原子间电负性的差异较大，电负性大的原子会从电负性小的原子抢走一个电子，形成阴阳离子，相反电荷离子之间的相互作用叫做离子键；共价键是原子间通过共用电子对 (电子云重叠) 而形成的相互作用；金属键则是自由电子和金属离子间的静电吸引力形成的。而无论哪种化学键，依赖的都是电子密度的重新排布，使得整体的能量降低。从能量的角度看，硬粒子在没有化学键相互作用力下，随着密度的增大，可以自发地从无序的流体转变为有序的晶体，或者从一种晶体结构转变为另一种晶体结构，都伴随着整体自由能的降低。熵是导致硬粒子发生相变的唯一驱动力，因此这种依赖于粒子的重新排布，使得整体自由能降低的作用力，就定义为熵键。

　　传统的化学键，包括氢键，在时间尺度上都具有一定的稳定性。对于熵键，其寿命可以表示为相邻粒子间稳定的排列从形成到破坏所经历的时间。以六边形的硬纳米片在二维平面中的模拟结果为例 (图 6.7(a))，计算发现，熵键的寿命随着堆积密度的增大而增大，并且熵键寿命的分布随寿命长度的衰减具有幂律关系 (图 6.7(b))，与水中氢键的寿命分布相类似 [20]。除了时间稳定性的特点，熵键还具有与共价键相似的方向性，共价键总是沿着电子云重叠程度最大的方向形成，而熵键总是驱使硬粒子形成面对面的排列，佐证了熵键存在的合理性。

　　晶体的特点是组成单位的有序排列，在空间上具有长程平移周期性，而非晶体组成单位排列无序，也不具备平移周期性。在晶体和非晶体之间，人们还发现一类固体，虽然组成单位的排列是有序的，但是不具备平移周期性，这类固体被称作准晶。晶体除了平移对称性之外，还可以具有二重、三重、四重或六重旋转对称性，根据对称性可以将晶体细分为立方晶系、六方晶系、三方晶系、四方晶系、正交晶系、单斜晶系和三斜晶系，而准晶可以具有五重、八重、十重或十二重旋转对称性。仅从外观上，人类无法用肉眼分别晶体、非晶体或准晶体，在实验上的判断依据是能否产生 X 射线衍射现象，以及衍射图样的对称性，这是微观组成单位平移和旋转对称性的宏观体现。模拟结果发现，由硬粒子间熵键连接形成的整体具有平移周期性，在 X 射线照射下可以产生与晶体同样的衍射图样 (图 6.7(c))，因此由熵键作用而形成的具有最大化熵的整体也是晶体，叫做熵晶体 [21]。

　　熵键同化学键一样，都使得体系的自由能降低，是客观存在的，它们共同连接了宏观或微观的粒子，形成熵晶体或者传统晶体，构成了美妙而奇特的晶体世界 [1,21]！

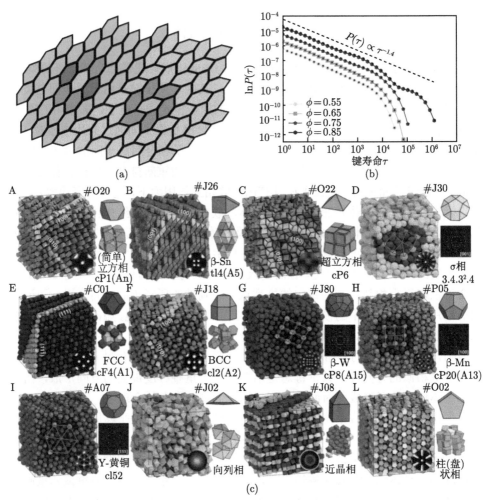

图 6.7　六边形在二维平面中的排列 (a)，熵键的寿命分布 (b)，以及熵晶体的 X 射线衍射
图样 (c)[20,21]

6.4　熵稳定的胶体晶体

　　胶体一般是指分散质直径在 1~100nm 之间的具有介稳性的分散体系，自然界中常见胶体包括油漆、牛奶、胶水等流体胶体。人工合成的胶体粒子具有单分散的直径和可调控的粒子间作用力，这些胶体会展现出与原子或分子体系一样的结晶和相变行为 [22]。并且由于人工合成的胶体粒子尺寸足够大，其动力学行为在光学显微镜下可以直接观察到，因此人工合成的胶体粒子是理想的实验材料，被广泛地用于相变机理的研究。时至今日，胶体的概念已经延伸到更大的粒子 (大

约几百纳米)。与纳米粒子不同的是，胶体粒子是不加修饰的，单个胶体粒子只具有特定的形状和尺寸，然而其聚集态却不只是粒子的简单堆积，而是具有丰富的结构，并可能伴随着优异的电、磁和光学性能[23]。

从 20 世纪 50 年代发现硬球体系的结晶到现在，熵稳定胶体晶体的概念早已深入人心，熵在胶体晶体中的作用正在逐渐被发掘，引导着胶体粒子的结晶研究[24]。我们在第 2 章中提到，硬球体系在堆积密度高于无规密堆积点 (≈ 0.64) 时，即使远达不到最密堆积的堆积密度 (≈ 0.74)，体系也会形成六边形排列的晶体；Onsager 原理指出，对于长度远大于直径的球棒，当堆积密度达到某一临界值时，体系会发生各向同性相到向列相的转变，这些有序结构能够稳定存在的原因是粒子的熵。对于一定形状的胶体粒子，结晶是紧密堆积的必然结果，因而通过设计胶体粒子的形状来获得我们需要的晶体结构是可行且稳定的。

对于某一目标晶型，容易想到的是利用空间 Voronoi 分解获得该晶型的 Voronoi 基元结构，当然 Voronoi 基元结构在无限大压力下一定可以形成该晶型并且填满整个三维空间[25]。然而，正如我们在 6.2 节中探讨的，堆积规则无法预测组装的结构，在实际模拟熵驱动胶体粒子结晶的过程中，Voronoi 基元往往会形成对称性更高的其他晶型。为了得到目标晶型，可以从随机的基元结构出发，通过蒙特卡罗模拟逐渐改变粒子形状以获得有利于结晶的粒子形状[26]，然后根据其形状参数猜测最佳的粒子形状，并再次进行模拟以获得最佳的粒子形状 (图 6.8)。研究结果发现，最佳的粒子形状总不是 Voronoi 基元结构，却保持了相似的对称性，为合成熵稳定的胶体晶体提供了充分的理论依据[27]。

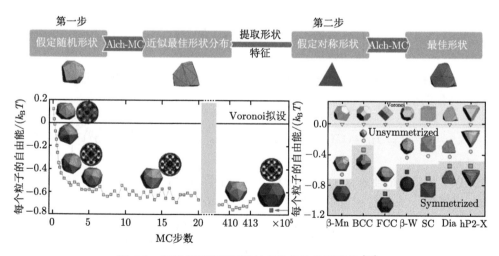

图 6.8 蒙特卡罗模拟预测结晶的最佳粒子形状[27]

需要指出的是，上述这些胶体粒子间并没有焓相互作用，胶体晶体的形成完全是由熵驱动的。下面我们将简要介绍胶体晶体形成过程自由能变化的计算，进一步稳固熵驱结晶的理论基础。通常而言，体系的自由能无法直接计算，需要以已知自由能的状态 (理想气体或固体) 为参考体系，构造可逆过程计算自由能变化，从而得到待求体系的自由能。

首先是液相，在液相和理想气体之间构造可逆过程，其吉布斯自由能差异可由以下公式求得：

$$\frac{G_{\text{fluid}}(P^*)}{Nk_{\text{B}}T} = \frac{G_{\text{id}}(P^*)}{Nk_{\text{B}}T} + \int_0^{P^*}\left[\frac{V_T/\sigma^3}{\phi(p)} - \frac{1}{p}\right]\mathrm{d}p \tag{6.3}$$

理想气体中，每个分子的运动是独立的，与其他分子没有相互作用，在足够稀释的条件下，理想气体的吉布斯自由能为

$$\frac{G_{\text{id}}}{Nk_{\text{B}}T} = \ln\frac{P^*}{2\pi^2} + \frac{\ln(2\pi N)}{2N} + 3\ln\frac{1}{\sqrt{2\pi}} \tag{6.4}$$

其次是固相，常用的方法是 Frenkel-Ladd 方法 [28]。在固相和理想爱因斯坦晶体之间构造可逆过程，爱因斯坦晶体的晶格中的每个原子都是一个独立的三维谐波振荡器并且所有原子的振荡频率相同，其亥姆霍兹自由能由以下公式给出：

$$F(\lambda) = \Phi_0 - k_{\text{B}}T\ln(\pi kT/\lambda)^{3N/2} + C(T) + O(1/\lambda) \tag{6.5}$$

其中，Φ_0 为相应静态晶格的势能，λ 为弹簧的弹性系数，$C(T)$ 是只与温度有关的常量。Frenkel-Ladd 方法最开始是用于计算硬球体系的自由能，其哈密顿量为

$$H(\lambda) = H_0 + \lambda V = H_0 + \lambda\sum_{i=1}^N\left(r_i - r_i^0\right)^2 \tag{6.6}$$

对于各向异性胶体粒子，Frenkel-Ladd 方法也同样适用，只需要对哈密顿量中加入方向项的耦合 [29]

$$H(\lambda) = H_0 + \lambda V = H_0 + \lambda\left[\sum_{i=1}^N\left(r_i - r_i^0\right)^2 + c\sum_{i=1}^N\left(q_i - q_i^0\right)^2\right] \tag{6.7}$$

其中 r_i 为粒子的坐标，q_i 为表示粒子方向的四元数，c 为不影响计算结果的常数。同样的，亥姆霍兹自由能差异为

$$\Delta A = \int_0^{\lambda_{\max}}\left\langle\frac{\partial H(\lambda)}{\partial\lambda}\right\rangle_\lambda\mathrm{d}\lambda = \int_0^{\lambda_{\max}}\langle V\rangle_\lambda\mathrm{d}\lambda \tag{6.8}$$

因此，胶体粒子结晶时的自由能变化可以定量求出，只要理想气体足够稀释、弹簧弹性系数足够大，并且进行足够的统计，就可以消除误差，将自由能求解到任

意精度。计算结果发现，熵增的确是胶体粒子结晶的驱动力，并且形成不同晶体的熵增具有明显的差异。如图 6.3 所示，形成液晶时平均每个粒子的熵增都在 $\Delta S = (1.8 \pm 0.5)k_B$ 范围内，形成塑晶时平均每个粒子的熵增都在 $\Delta S = (1.0 \pm 0.5)k_B$ 范围内，而形成晶体时的熵增则没有类似的规律。

6.5 熵效应与成核

晶体的形成包括成核和生长两部分，其中成核是在较小区域内引发相变形成小晶体，是分子尺度上快速局部涨落的结果，也是晶体形成最为关键的过程。根据均相成核的经典成核理论，形成半径为 R 的晶核，其吉布斯自由能变化为

$$\Delta G = \frac{4}{3}\pi R^3 \rho_s \Delta\mu + 4\pi R^2 \gamma \tag{6.9}$$

其中第一项是体积项，$\Delta\mu$ 是固液两相的化学势之差，在凝固点之下时，固相要比液相更稳定，导致自由能的降低；第二项是表面积项，成核会形成液–固表面，表面张力导致自由能的上升。对半径 R 求导发现自由能的变化有一个最大值

$$\Delta G_{\text{crit}} = \frac{16\pi}{3} \frac{\gamma^3}{(\rho_s|\Delta\mu|)^2} \tag{6.10}$$

当晶核大小为 $R_{\text{crit}} = 2\gamma/(\rho_s|\Delta\mu|)$ 时取到。当热涨落形成的晶核半径小于临界晶核尺寸 R_{crit} 时，由于进一步增大晶核尺寸会导致自由能的升高，晶核会再次溶解；当热涨落形成的晶核半径大于临界晶核尺寸 R_{crit} 时，进一步增大晶核尺寸会使自由能降低，因此晶核是稳定的并且会自发生长。

对于本体中的胶体粒子，其相行为仅由体积分数来决定。当体积分数小于凝固点体积分数（$\phi_f^{\text{HS}} = 0.494$，HS（hard sphere）表示硬球）时，体系呈现液相；当体积分数大于熔点体积分数（$\phi_m^{\text{HS}} = 0.545$）时，体系呈现固相；当体积分数介于两者之间时，体系为两相共存。相转变的机理是当粒子聚集的时候，大部分粒子的振动受到限制，体系倾向于形成有序的状态，此时每个粒子都有一定的自由体积，整体的熵更大。而为了研究胶体粒子的成核机理，首先需要判断体系中的胶体粒子是处于液态还是固态，采用的方法是计算粒子的局部键取向有序参数。也即，对于粒子 i，其键序参数为

$$q_{l,m}(i) = \frac{1}{N_b^i} \sum_{j=1}^{N_b^i} Y_{l,m}(\boldsymbol{r}_{ij}) \tag{6.11}$$

其中 N_b^i 为与粒子 i 相邻的粒子总数，也就是所有满足 $|r_{ij}| < 1.4\sigma$ 的粒子 j；$Y_{l,m}$ 为球谐函数

$$Y_{l,m}(\theta, \varphi) = \sqrt{\frac{2l+1}{4\pi}\frac{(l-m)!}{(l+m)!}} P_{l,m}(\cos\theta) e^{im\varphi} \tag{6.12}$$

式中 θ 和 φ 表示粒子对间方向向量的角方向，$\mathrm{P}_{l,m}$ 为伴随勒让德多项式

$$\mathrm{P}_{l,m}(x) = \frac{(-1)^m}{2^l l!}(1-x^2)^{m/2}\frac{\mathrm{d}^{l+m}}{\mathrm{d}x^{l+m}}(x^2-1)^l \tag{6.13}$$

因为 FCC 或 HCP 为稳定的固相结构，那么 $l = 6$。对于相邻的两个粒子，如果它们相对邻近粒子的取向相似，也即 $d_6(i,j) \geqslant 0.6$，那么在粒子 i 和粒子 j 之间存在一个固态键。如果一个粒子拥有 7 个或更多的固态键，那么这个粒子是处于固态的，否则是处于液态的。

$$d_6(i,j) = \frac{\displaystyle\sum_{m=-6}^{+6} q_{6m}(i)q_{6m}^*(j)}{\left(\displaystyle\sum_{m=-6}^{+6}|q_{6m}(i)|^2\right)^{1/2}\left(\displaystyle\sum_{m=-6}^{+6}|q_{6m}(j)|^2\right)^{1/2}} \tag{6.14}$$

基于键序参数的计算，实验和模拟结果都表明胶体粒子的成核过程与经典成核理论基本相符。如图 6.9(a) 所示，由于热涨落，体系中会形成很多小的晶核，但是大部分晶核的半径都小于临界晶核尺寸，会逐渐消失，只有少数足够大的晶核会进一步生长 [30]。通过计算一定大小的晶核生长或消失的概率 (图 6.9(b))，可以发现，当晶核半径大于 $6.2a$ (a 为粒子的直径，团簇包含 60~160 个粒子) 的时候，晶核会倾向于继续生长，而晶核半径小于 $6.2a$ 的时候，晶核会倾向于逐渐消失。自由能计算也证实了这一结论，并与经典成核理论的曲线高度吻合 (图 6.9(c))[31]。在此基础上，通过在体系中加入具有不同曲率的杂质，研究异相成核的过程，发现粒子会先在杂质表面形成晶核，当晶核达到一定大小 ($N \approx 100$) 后，晶核会自发脱离杂质表面 [32]，因为此时的晶核是稳定的，更进一步表明胶体粒子的成核符合经典成核理论。不同点在于经典成核理论假设的晶核是球状的，而实际实验和模拟中观察到的晶核都是椭球状的。在椭球状的晶核中，粒子的堆积不是能量最低的 FCC 构型，而是无规六方最密堆积 (random hexagonal close packing, RHCP)，随着晶核的生长，RHCP 结构会逐渐转变为更稳定的 FCC 结构 [30]。

在经典成核理论当中，体积项和表面积项都是从焓作用的角度来理解的，然而胶体粒子的成核过程却与经典成核理论高度吻合。人们通常认为晶核的形成和晶核中粒子的堆积都是简单的动力学随机性的结果，这无法解释其在实验和模拟上的可重复性。并且由于体系没有焓相互作用，自由能的变化证实了熵的作用。因此，我们认为 RHCP 结构的形成原因是熵的涌现。在形成晶核的时候，如果形成 FCC 结构，粒子排列太过规整，损失了一定的构象熵，为了获得更大的构象熵，才会形成无规的密堆积结构。由于熵是涌现的结果，只有当粒子数足够多，也就是晶核足够大的时候，熵稳定的晶核才会稳定存在。尽管我们知道熵是胶体粒子成核唯一的驱动力，但熵是如何介导胶体粒子成核过程的还亟待更深入的研究。

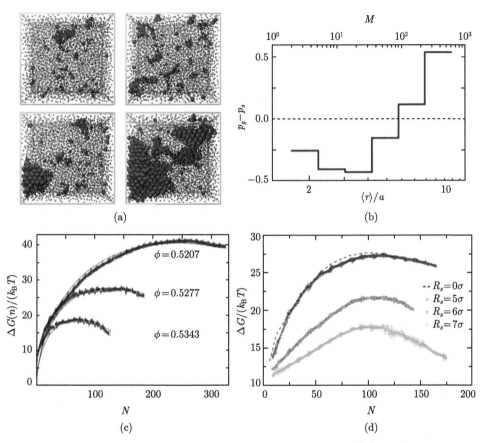

图 6.9 (a) 胶体粒子的成核生长；(b) 胶体团簇生长和收缩概率之差 [30]；(c) 胶体粒子成核的自由能变化与团簇大小的关系；(d) 胶体粒子异相成核的自由能变化与团簇大小的关系 [31]

6.6 排空效应与自组装

排空效应是指在体系中加入小粒子 (排空子) 会驱使大粒子发生凝聚的现象。本质上说，排空效应是熵的体现，这一点我们在第 3 章中已有比较详细的论述。当体系中小粒子浓度较高时，小粒子会把大粒子推到一起，以增大自身的自由体积，进而获得更大的振动熵 [33]。排空效应的体现是当大粒子靠近的时候，会有一定的吸引力，这种吸引力可以用来调控胶体粒子的自组装。

首先，可以通过改变小粒子的形状来获得更大的排空力。对于各向同性的球形胶体粒子，排空势的强度为

$$U_{\text{dep}}(r) = -\frac{\pi}{6} p_0 \sigma^2 (3a + \sigma) \tag{6.15}$$

其中 a 和 σ 分别为大、小球的直径，排空力的大小取决于大、小球的比例 [34]。在实验中，直径 300nm 的聚苯乙烯大粒子和直径 65nm 的聚苯乙烯小粒子，排空势的强度仅为 $0.2k_{B}T$，不足以驱动大粒子发生自组装。排空效应的原理是大粒子的聚集给小粒子更多的自由体积，因此对于各向异性的小粒子，自由体积的获得对于其转动熵和振动熵的增大影响更为明显，也就是更大的排空力。对于各向异性椭球粒子，排空势的强度为

$$U_{\mathrm{dep}}(2a) = -\frac{p_0 a v}{\sigma_A}\left[\left(\frac{\sigma_A}{\sigma_B}\right)^2 + 2\right] \tag{6.16}$$

其中 σ_A，σ_B 分别为椭球的长轴和短轴长度，排空力的大小还取决于粒子的各向异性。当溶质粒子为 20nm 长、1nm 宽的椭球时，尽管溶质的体积分数只有 1%，排空势的强度却高于 $5k_{B}T$，足以驱动大粒子的自组装。

其次，我们知道排空力的大小取决于大粒子聚集时所能提供的自由体积的多少，因此可以通过改变大粒子的形状来调控自组装。如果大粒子为各向异性的棒状粒子，其自组装可以提供更多的自由体积 (图 6.10(a))，即更大的排空力 [35]。甚至可以将胶体粒子设计成互补的形状，以 "锁扣" 的形式提供更多的自由体积 (图 6.10(b))[36]。

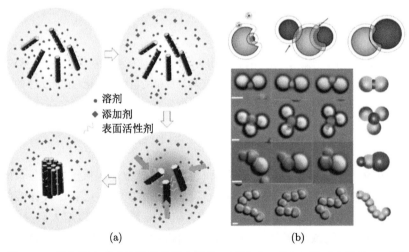

图 6.10　排空效应驱动的棒状粒子自组装 (a)[35] 和 "锁扣" 模式自组装 (b)[36]

排空力作为一种熵力，是体系内胶体粒子涌现的结果，在自组装中的作用不容忽视，尤其是在高分子与纳米粒子相复合的体系中，由于高分子的长链有着较大的构象熵，其排空效应可能发挥着至关重要的作用。

参 考 文 献

[1] Damasceno P F, Engel M, Glotzer S C. Crystalline assemblies and densest packings of a family of truncated tetrahedra and the role of directional entropic forces. ACS Nano, 2012, 6(1): 609-614.

[2] van Anders G, Klotsa D, Ahmed N K, et al. Understanding shape entropy through local dense packing. Proc. Natl. Acad. Sci. USA, 2014, 111: E4812-E4821.

[3] van Anders G, Ahmed N K, Smith R, et al. Entropically patchy particles: engineering valence through shape entropy. ACS Nano, 2014, 8(1): 931-940.

[4] Glotzer S C, Solomon M J. Anisotropy of building blocks and their assembly into complex structures. Nat. Mater., 2007, 6(8): 557-562.

[5] Chen Q, Whitmer J K, Jiang S, et al. Supracolloidal reaction kinetics of Janus spheres. Science, 2011, 311(6014): 199-202.

[6] Huang Z H, Zhu G L, Chen P Y, et al. Plastic crystal-to-crystal transition of Janus particles under shear. Phys. Rev. Lett., 2019, 122(19): 198002.

[7] Damasceno P F, Engel M, Glotzer S C. Predictive self-assembly of polyhedra into complex structures. Science, 2012, 337(6093): 453-457.

[8] Boles M A, Engel M, Talapin D V. Self-assembly of colloidal nanocrystals: from intricate structures to functional materials. Chem. Rev., 2016, 116(18): 11220-11289.

[9] Zhu G L, Xu Z Y, Yan L T. Entropy at bio-nano interfaces. Nano Lett., 2020, 20(8): 5616-5624.

[10] Whitesides G M, Grzybowski B. Self-assembly at all scales. Science, 2002, 295(5564): 2418-2421.

[11] Woodcock L V. Entropy difference between the face-centred cubic and hexagonal close-packed crystal structures. Nature, 1997, 385(6612): 141-143.

[12] Pusey P N, van Megen M, Bartlett P, et al. Structure of crystals of hard colloidal spheres. Phys. Rev. Lett., 1989, 63(25): 2753-2756.

[13] Bolhuis P G, Frenkel D, Mau S C, et al. Entropy difference between crystal phases. Nature, 1997, 388(6639): 235-237.

[14] Manoharan V N, Elsesser M T, Pine D J. Dense packing and symmetry in small clusters of microspheres. Science, 2003, 301(5632): 483-487.

[15] Fu L, Steinhardt W, Zhao H, et al. Hard sphere packings within cylinders. Soft Matter, 2016, 12(9): 2505-2514.

[16] Thaner R V, Kim Y, Li T I N G, et al. Entropy-driven crystallization behavior in DNA-mediated nanoparticle assembly. Nano Lett., 2015, 15(8): 5545-5551.

[17] Jaeger H M, Nagel S R. Physics of the granular state. Science, 1992, 255(5051): 1523-1531.

[18] Kamien R D, Liu A J. Why is random close packing reproducible? Phys. Rev. Lett., 2007, 99(15): 155501.

[19] Cersonsky R K, van Anders G, Dodd P M, et al. Relevance of packing to colloidal self-assembly. Proc. Natl. Acad. Sci. USA, 2018, 115(7): 1439-1444.

[20] Harper E S, van Anders G, Glotzer S C. The entropic bond in colloidal crystals. Proc. Natl. Acad. Sci. USA, 2019, 116(34): 16703-16710.

[21] Haji-Akbari A, Engel M, Glotzer S C. Degenerate quasicrystal of hard triangular bipyramids. Phys. Rev. Lett., 2011, 107(21): 215702.

[22] Manoharan V N. Colloidal matter: packing, geometry, and entropy. Science, 2015, 349(6251): 1253751.

[23] Li F, Josephson D P, Stein A. Colloidal assembly: the road from particles to colloidal molecules and crystals. Angew. Chem. Int. Ed., 2011, 50(2): 360-388.

[24] Haji-Akbari A, Engel M, Keys A S, et al. Disordered, quasicrystalline and crystalline phases of densely packed tetrahedra. Nature, 2009, 462(7274): 773-777.

[25] Schultz B A, Damasceno P F, Engel M, et al. Symmetry considerations for the targeted assembly of entropically stabilized colloidal crystals via Voronoi particles. ACS Nano, 2015, 9(3): 2336-2344.

[26] van Anders G, Klotsa D, Karas A S, et al. Digital alchemy for materials design: colloids and beyond. ACS Nano, 2015, 9(10): 9542-9553.

[27] Geng Y N, van Anders G, Dodd P M, et al. Engineering entropy for the inverse design of colloidal crystals from hard shapes. Sci. Adv., 2019, 5: eaaw0514.

[28] Frenkel D, Ladd A J C. New Monte Carlo method to compute the free energy of arbitrary solids. Application to the fcc and hcp phases of hard spheres. J. Chem. Phys., 1984, 81(7): 3188-3193.

[29] Haji-Akbari A, Engel M, Glotzer S C. Phase diagram of hard tetrahedra. J. Chem. Phys., 2011, 135(19): 194101.

[30] Gasser U, Weeks E R, Schofield A, et al. Real-space imaging of nucleation and growth in colloidal crystallization. Science, 2001, 292(5515): 258-262.

[31] Auer S, Frenkel D. Prediction of absolute crystal-nucleation rate in hard-sphere colloids. Nature, 2001, 409(6823): 1020-1023.

[32] Cacciuto A, Auer S, Frenkel D. Onset of heterogeneous crystal nucleation in colloidal suspensions. Nature, 2004, 428(6981): 404-406.

[33] Asakura S, Oosawa F. On the interaction between two bodies immersed in a solution of macromolecules. J. Chem. Phys., 1954, 22(7): 1255-1256.

[34] Bishop K J M, Wilmer C E, Soh S, et al. Nanoscale forces and their uses in self-assembly. Small, 2009, 5(14): 1600-1630.

[35] Baranov D, Fiore A, van Huis M, et al. Assembly of colloidal semiconductor nanorods in solution by depletion attraction. Nano Lett., 2010, 10(2): 743-749.

[36] Sacanna S, Irvine W T M, Chaikin P M, et al. Lock and key colloids. Nature, 2010, 464(7288): 575-578.

第 7 章　构象熵与大分子体系

构象熵是系统内的分子构象自由度的度量，在诸如蛋白质、DNA 等大分子体系中扮演着重要角色。本章将从最简单的理想高分子链模型出发，引出构象熵的概念；在此基础上，系统阐述构象熵在大分子体系的相变、界面、扩散和动静态力学行为中扮演的重要角色。

7.1　高分子链的构象理论

7.1.1　理想链 (自由旋转链) 模型

对于由成千上万个单键所组成的高分子链而言，它的每个单键围绕其相邻的单键做不同程度的内旋转，分子内原子在空间的排布方式也不断地变化而呈现不同的构象。在热运动的影响下，高分子链的构象不断变化，因此，高分子链的构象是统计性的。为了进一步了解高分子在溶液中的构象，就必须提到 Flory-Huggins 高分子溶液理论与格子模型 [1,2]。在该模型中，对高分子链在溶液中的情况进行了一系列假设：① 溶液中高分子的排列也像晶体中一样，是一种晶格排列；② 每一个溶剂分子占一个格子；③ 每个高分子链占相连的 N 个格子，即假设高分子链由 N 个链段组成，每个链段占据一个格子；④ 在溶液中，高分子链段占有任意一个格子的概率是相等的。在这种条件下，高分子链在溶液中的情况可以用晶格模型来近似，如图 7.1 所示。通过格子模型，就可以对高分子在溶液中的微观构象状态进行研究。

无规行走问题最早在 1905 年提出，19 世纪 30 年代，马克和古斯用统计理论处理橡胶弹性问题以及库恩 (Kuhn) 解决高分子溶液黏度问题时，发现由于高分子链结构中主链 (C—C) 旋转有一定的自由度，高分子的几何形状应遵循 "无规行走" 规律。后来研究证明，无规行走的确是大多数柔性链高分子最典型的特征。如图 7.1 所示，无规行走是由相继的 N 步构成，起始于空间中一点 (A)，并终止于任意点 (B)。在每一步行走过程中，点的下一位置可以是最近邻的任何一个格点，同时所有这些可能性的统计权重是相同的。因此无规行走过程可以代表分子链长度为 N 的理想链，其中 A 到 B 的距离即是分子链的末端距 r，而行走的步长 a 代表连续链单元的距离，即分子链段长度，又称 Kuhn 长度。

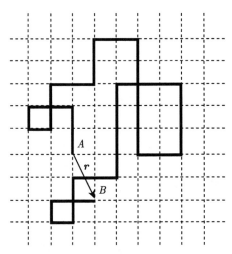

图 7.1   链长为 N 的理想链的格子模型

设格子模型的配位数 (即从一个格点向最近邻格点行走的可能数目) 为 z，对于 N 步行走，其总的行走方式数为

$$\sum_r \Omega_N(r) = z^N \tag{7.1}$$

式中 $\sum$ 代表对整个格子模型求和，即 N 步行走过程中末端距 r 从 0 到 Na 的行走方式数目，表示 N 步行走时末端距为 r 的行走数目。我们把 $L = Na$ 定义为聚合物链的轮廓长度 (contour length)[2,3]。

对如图 7.1 所示的高分子理想链，其末端距 r 可由第 1 至第 n 键的键矢量之和来定义 (如图 7.1 所示的 $\boldsymbol{r}$)

$$\boldsymbol{r} = \boldsymbol{r}_1 + \boldsymbol{r}_2 + \boldsymbol{r}_3 + \cdots + \boldsymbol{r}_n = \sum_{i=1}^{n} \boldsymbol{r}_i \tag{7.2}$$

$$\boldsymbol{r}^2 = nr^2 + 2\sum_{i>j}^{n} \boldsymbol{r}_i\boldsymbol{r}_j \tag{7.3}$$

由于无规行走链的键角分布随机且均匀，所以该模型又称为自由结合链 (freely-jointing chain，FJC) 模型。对于自由结合链而言，键角在构象空间 Ω 中是均匀分布的，即有 $\boldsymbol{r}_i\boldsymbol{r}_j = 0$。且当 $N \gg 1$ 时，分子链末端距分布函数近似具有高斯函数的形式，对于三维的情况则有

$$P(r) = \frac{\Omega_N(r)}{\sum_r \Omega_N(r)} \sim N^{-3/2} \exp\left(\frac{-3r^2}{2Na^2}\right) \tag{7.4}$$

其中 $P(r)$ 为末端距为 r 的概率分布函数,且满足归一化条件 $\sum_r P(r)\Omega_N(r) = 1$。根据玻尔兹曼关系,可以直接得到末端距为 r 的链的构象熵:

$$S(r) = k_{\mathrm{B}} \ln\left[\Omega_N(r)\right] = k_{\mathrm{B}}\left(N\ln z - \frac{3}{2}\ln N - \frac{3r^2}{2Na^2}\right) \tag{7.5}$$

由上式可知,当 N 趋向于无穷大时,理想链的构象熵与分子链长 N 成正比。

理想链模型设定能量 E 为常数,与具体的链构象形式无关。由热力学理论可知,理想分子链自由能 F 为

$$F(r) = E(r) - TS(r) = F(0) + \frac{3k_{\mathrm{B}}}{2Na^2}Tr^2 \tag{7.6}$$

将上式对距离 r 求导,可得出作用于链两端的力:

$$f = \frac{\partial F}{\partial r} = \frac{3k_{\mathrm{B}}T}{Na^2}r = Kr \tag{7.7}$$

式中 $K = 3k_{\mathrm{B}}T/(Na^2)$,可看成弹簧常数。由式 (7.7) 可以看出,对于不含有任何相互作用的理想链,其自由能完全由熵贡献[3]。当理想链受到拉伸作用时,其最可几构象数减少导致的构象熵减少由外力做功进行补偿。因此,我们可以将无任何相互作用的理想高分子链看成一条 "熵弹簧",这与 1.4.1 节中推导的结果相一致。

7.1.2 刚性链模型

核磁共振 (NMR) 研究表明,绝大多数的聚合物体现出抵抗弯曲应变能力,这种由分子内排斥引起的特性被称为刚性。刚性链与理想链的最大区别在于其构象空间 Ω 中的键角并不是随机且均匀分布的。自由旋转链 (free-rotating chain, FRC) 模型认为,构象空间的键角分布是一个固定的值 θ,即公式 (7.3) 可以改写为

$$\boldsymbol{r}^2 = nr^2 + 2\sum_{i>j}^n \boldsymbol{r}_i\boldsymbol{r}_j = nr^2 + 2\left(\cos\theta\right)^{|j-i|} \tag{7.8}$$

当 $N \gg 1$ 时,其均方末端距 $\langle r^2 \rangle$ 可以写作

$$\langle r^2 \rangle = Na^2\left[\frac{1+\cos\theta}{1-\cos\theta} - \frac{2}{N}\cos\theta\frac{1-\cos^N\theta}{(1-\cos\theta)^2}\right] \tag{7.9}$$

当我们探索典型生物聚合物的热涨落时,发现链的刚性与键角的分布并不直接相关,而是体现在键角与键角之间的相关长度上。同时,我们将观察到两种现象:较硬的纤维更直,较冷的纤维更直。我们知道这个相关长度:①应与弯曲势能常数 κ 成正比;②应与由玻尔兹曼常量加权的温度 $k_{\mathrm{B}}T$ 成反比。我们定义这

个长度为持续长度 l_p, 且满足 $l_p = \kappa/(k_B T)$[4,5]。如图 7.2(a) 所示, 在数纳米到微米的尺度下, 许多生物高聚物通常被视作具有有限弯曲强度的棒或者纤维, 其持续长度 l_p 可以更好地描述高聚物的结构单元尺寸。持续长度体现了聚合物链的结构单元中键角的长度相关性, 如图 7.2(b) 所示, 持续长度越大, 键与键之间的关联性越强, 键角相关函数随着长度的变化越慢, 聚合物链也就越难弯曲。

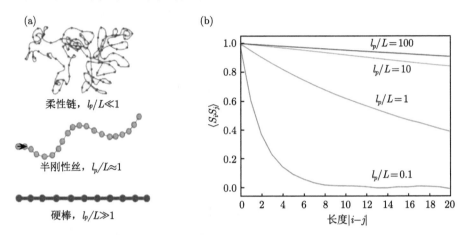

图 7.2　(a) 依赖于持续长度 l_p 和轮廓长度 L 的聚合物链典型构象 [5]; (b) $N=20$ 的聚合物链在不同持续长度下的键角相关函数与键–键间距的关系

Kratky 和 Porod 将这类具有抵抗弯曲应变能量的聚合物链描述为蠕虫状链 (wormlike chain, WLC)[3,6], 其弯曲能量可以表示为

$$H_{\text{bend}} = \frac{\kappa}{2} \int \mathrm{d}s \left| \frac{\partial \boldsymbol{t}}{\partial s} \right|^2 \tag{7.10}$$

其中 $\boldsymbol{t}$ 为链的切向量矢量, 即 $\partial \boldsymbol{r}/\partial s$; $\boldsymbol{r}$ 为方向矢量; κ 为刚性模量。在蠕虫状链模型中, 持续长度是链向量在链微元 s 处和 s' 处的相关长度的反映, 可以用公式表示为

$$\langle \boldsymbol{t}(s) \cdot \boldsymbol{t}(s') \rangle = \exp\left(-\frac{|\boldsymbol{r}_s - \boldsymbol{r}_{s'}|}{l_p} \right) \tag{7.11}$$

对于 $N \gg 1$, $l_p \ll 1$ 的情况, 蠕虫状链的均方末端距 $\langle r^2 \rangle$ 可以写作

$$\langle r^2 \rangle = \int_0^L \int_0^L \mathrm{d}s \mathrm{d}s' \langle \boldsymbol{u}(s) \boldsymbol{u}(s') \rangle = 2L l_p - 2l_p^2 (1 - \mathrm{e}^{-L/l_p}) \tag{7.12}$$

当 $l_p \gg 1$ 时, 蠕虫状链的均方末端距 $\langle r^2 \rangle$ 可以写作

$$\langle r^2 \rangle = \int_0^L \int_0^L \mathrm{d}s \mathrm{d}s' \langle \boldsymbol{u}(s) \boldsymbol{u}(s') \rangle = L^2 \left(1 - 3\frac{L}{l_p} \right) \tag{7.13}$$

由于刚性能的影响，具有刚性的聚合物的受力曲线与理想链有所不同。类似的，我们可以给出蠕虫状链的自由能 F 与长度 r 的关系：

$$F = F_0 + \frac{k_{\mathrm{B}}T}{4Ll_p}\left(2\frac{r^2}{L^2} + \frac{1}{1-r/L} - \frac{r}{L}\right) \qquad (7.14)$$

则拉伸所需要的力也可以由 (7.14) 给出：

$$f^{\mathrm{WLC}} = -\frac{\partial F}{\partial r} = \frac{k_{\mathrm{B}}T}{4L^2l_p}\left(4\frac{r}{L} + \frac{1}{(1-r/L)^2} - 1\right) \qquad (7.15)$$

如图 7.3 所示，对比式 (7.7) 和式 (7.14)，我们可以看出：对于柔性聚合物 $(L \gg l_p)$，其拉伸和压缩阻力由链的构象熵决定，称为熵弹性。假设单体不可拉伸的情况下，伴随着拉伸的进行，柔性聚合物的构象数呈现指数级别的下降，因而在接近完全伸展时表现出应力硬化的行为 [4]。对于刚性聚合物 $(L \ll l_p)$，抗拉伸、弯曲和压缩的能力是由于分子链从平衡状态发生的应变引起的，这是由弯曲模量 κ 量化的，并用焓弹性来描述。在压力作用下，刚性聚合物在 Euler 弯曲力处发生屈服，而对于柔性聚合物，由于熵效应的随机热力超过了焓效应的 Euler 弯曲力，因此不存在等效的弯曲不稳定性。对于半刚性聚合物 $(L \sim l_p)$，将呈现出介于上述两种极限情况之间的近似生物聚合物交联网络的力学响应：纤维整体上保持相对平直，但是热涨落足够引起纤维的横向弯曲。这一类聚合物广泛地存在于自然界中，典型的例子是核酸分子，如 DNA 和 RNA，以及生物聚合物纤维，如微丝 (microfilament)、中间纤维 (intermidiate filament) 和微管 (microtube) 等，其性质列于表 7.1[4,5]。核酸分子 (如 DNA 和 RNA) 是生命体系中的基础遗传物质，也是目前广泛研究的半刚性分子之一。双螺旋 DNA 分子的持续长度约为 50nm[7]，其分子构象可以很好地用 Kratky-Porod 模型描述 (如图 7.4 所示)。

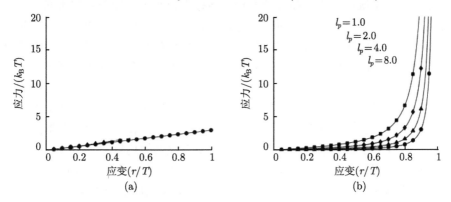

图 7.3 理想链 (高斯链)(a) 和蠕虫状链 (b) 的应力–应变曲线

表 7.1　常见的半刚性链性质参数

物质	链段长度 a	持续长度 l_p	轮廓长度 L
DNA	2nm	50nm	100nm~1m
中间纤维	9nm	$0.2 \sim 1\mu m$	$2 \sim 10\mu m$
微丝	7nm	$17\mu m$	$\leqslant 20\mu m$
微管	25nm	$1 \sim 5mm$	$10\mu m$

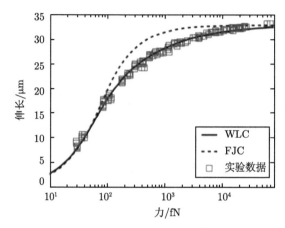

图 7.4　97kb λ-DNA 的应力–应变关系图。正方形为实验数据，实线由蠕虫状链模型拟合，其中 $L = (32.80 \pm 0.10)\mu m$，$l_p = (53.4 \pm 2.3)nm$，而虚线由自由旋转链模型拟合，其中 $L = 32.7\mu m$，$a = 200nm$[7]

7.2　构象熵主导的结构相变

　　通过高分子的构象理论我们可以得知，链状分子具有非常显著的构象熵。基于高分子的构象统计理论，高分子的相分离行为得到了更加深入的研究，并且广泛地运用于蛋白质折叠、染色质分离等理论解释，以及诸如微通道、分子晶体和高分子相变储能材料的制备当中。其中，柔性聚合物在良溶剂中的尺寸效应得到了相当程度的关注。例如，通过计算机模拟研究无热高分子链在硬球溶剂中构象变化，选取链段长度 $N = 64$ 的高分子链在不同溶剂分子大小、不同浓度的溶剂中进行模拟，发现当溶剂尺寸小于高分子的链段长度时，高分子链处于无规线团构象，此时高分子的构象熵占主导地位 (如图 7.5(a) 所示)。然而随着溶剂分子尺寸的增大，高分子链会迅速发生塌陷而采取紧密收缩的构象 [8]。

　　近年来，利用原子力显微镜 (AFM) 研究单链高分子在拉力作用下的相变行为对于构象熵理论提供了十分有益的补充。例如，聚乙烯醇 (PEG) 链在不同分子尺寸的非极性有机溶剂中体现了复杂的单链力学行为 [9]。在小分子有机溶剂 (如四氯乙烷和正壬烷) 中，PEG 表现出固有的弹性，这与 7.1.1 节计算的理论单链弹性一致。然而，在中型有机溶剂 (如正十二烷和正十六烷) 中，PEG 链趋于紧密收缩的构象。原子力显微镜的单分子力谱显示，将 PEG 链从自由态拉伸到完全伸展态，在小分子有机溶剂中比在中型有机溶剂中需要更多的能量。

(a)   (b)

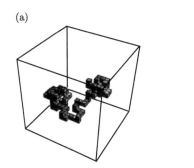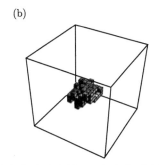

图 7.5   基于硬球格子模型的蒙特卡罗模拟高分子链在小分子溶剂 (a) 和大分子溶剂 (b) 中的构象 [6]

构象熵理论认为，在聚合物溶液中，聚合物链的构象熵与溶剂分子的平移熵之间存在着激烈的竞争。为了增加溶剂分子的平移熵 ($\Delta S_{\text{solvent}} > 0$)，聚合物链应采取紧凑构象 ($\Delta S_{\text{polymer}} < 0$)，以使溶剂占据更多的空间。然而，为了增加聚合物链的构象熵，它更倾向于随机线团构象 [10]。对于整个聚合物溶液体系，当聚合物链呈紧密构象时，较小溶剂分子的自由体积增量小于较大溶剂分子的自由体积增量。这是因为较小的分子可以进入链段的内部，而大分子溶剂不能进入链段的内部。因此，在中型溶剂 (如十六烷) 中，聚合物链构象熵的损失将通过溶剂的平移熵 ($|\Delta S_{\text{solvent}}| > |\Delta S_{\text{polymer}}|$) 的增加来补偿。因此，随着溶剂分子尺寸的增大，当排除体积效应足够强时，聚合物链趋于紧凑构象。

当 PEG 在十六烷中拉伸时，不溶性 PEG 链将从紧密 (球状) 状态拉伸到伸直链状态。相比之下，PEG 在四氯乙烷中采用随机线团构象，因为 PEG 在这种情况下更易溶解。当牵引四氯乙烷溶液中的 PEG 链时，PEG 链将从线团状态拉伸到伸直链状态。因此，这两条应力–应变曲线之间的差异与自由状态下不同的链构象密切相关 ($F = 0$)。众所周知，紧凑构象 (S_{compact}) 的聚合物链的构象熵小于随机线团构象 (S_{coil}) 的构象熵。当链在外力作用下高度拉伸时，根据式 (7.5)，聚合物链的熵很小 ($S_0 \to 0$)。因此，可以合理地假设，对于给定的链，具有足够大的拉伸力的 S_0 值实际上是一个常数。因此，在力拉伸作用下，具有随机线圈构象 ($S_{\text{coil}} - S_0$) 的构象熵损失远大于紧凑构象 ($S_{\text{compact}} - S_0$)。因此，在线团构象中延长聚合物链比在十六烷 (紧凑构象) 中消耗更多的能量是合理的。

另一个稍微复杂的例子是聚合物诱导的胶体絮凝，即在胶体悬浮液中加入少量游离的非吸附性聚合物，可在胶体颗粒之间产生有效的吸引力，甚至可能导致絮凝沉降。基于 3.3.2 节中提到的 Asakura 和 Oosawa 的模型，Lekkerkerker 等成功预言了胶体–高分子混合物凝胶化行为 [11]。聚合物诱导的胶体之间的吸引是一种熵效应：当胶体粒子紧密地凝聚在一起时，可获得的聚合物构象的总数比当胶体粒子相距很远时要大；而在胶体的极限区域，当胶体粒子与高分子的链段长度相当时，胶体粒子会对高分子链段之间的相互作用产生扰动，从而改变链的构象。

7.3　构象熵与聚合物纳米复合体系

聚合物纳米复合体系是一类在聚合物基体中混合纳米尺度的无机/有机粒子的共混材料，通常具有优异的物理和化学性能，在纳米医药、光电子器件和生物传感领域具有十分广阔的应用前景。例如，骨组织就是自然界中典型的聚合物纳米复合材料。通过将脆性的矿物 (主要成分为无机盐) 和柔性的结缔组织 (主要成分为蛋白质) 进行纳米级别混合，使得骨组织兼具强度和韧性。向聚合物中引入纳米粒子，一个非常重要的问题是让这些单独分散的纳米颗粒产生长程有序排列并形成特定的结构，从而实现相应的功能。

在一定的温度和压力条件下，嵌段共聚物纳米复合体系能够在溶液和熔体状态下形成复杂的有序结构。以最简单的两嵌段共聚物为例，研究者通过调控两嵌段共聚物的比例和 Flory-Huggins 相互作用参数，能够获得诸如柱状、球状、双连续和层状自组装结构。理论计算表明，自组装结构的有序–无序转变受到平动熵和构象熵的共同影响，并认为嵌段共聚物的熵贡献与 $(r/a)^2$ 成正比，其中 r 为聚合物的末端距，a 为聚合物的链段长度。随着温度的下降，焓效应引起的聚合物界面张力变化足以克服平动熵和构象熵的损失，嵌段共聚物发生相分离。嵌段共聚物的自组装是熵效应和焓效应相互平衡的结果。

嵌段共聚物纳米复合体系的有序微结构在材料科学领域一直备受关注，特别是利用自上而下 (top-down) 和自下而上 (bottom-up) 方法制备的嵌段共聚物微观相分离体系，可以通过自组装在纳米尺度下精确地控制纳米颗粒的空间排列。随着自洽场理论的不断完善和分子模拟手段的应用，嵌段共聚物纳米复合体系的构象熵调控机制也逐渐明晰。理论研究采用自洽平均场理论和密度泛函理论相结合的方法对纳米粒子在嵌段共聚物微区中的空间分布进行了预测，并分别给出了关于构象熵、平动熵和 Flory-Huggins 相互作用的热力学表达式 [12,13]。如图 7.6(a)所示，半径较大的纳米粒子分布在嵌段相区的中间，而半径较小的纳米粒子分布在嵌段共聚物的相界面附近。

当纳米粒子的尺寸小于聚合物链的链段长度时，纳米粒子将会向薄膜表面聚集，这样会使纳米粒子对亲和聚合物链段的构象伸展产生尽量小的影响，以获得更大的构象熵。当纳米粒子的尺寸与聚合物的链段长度相当时，嵌段聚合物获得的构象熵不足以弥补纳米粒子的平动熵损失，使得纳米粒子倾向于被排斥到了亲和嵌段的链末端与嵌段共聚物形成相分离。当纳米粒子的体积分数增加时，这种平动熵和构象熵的竞争效应会进一步增强，如图 7.6(b) 所示。实验研究了不同粒径的 SiO$_2$ 和金纳米粒子在聚苯乙烯–聚乙烯丙烯 (PS-b-PEP) 共聚物的层状微相中的分布情况，观察到较小的金纳米粒子分布在 PS/PEP 的界面处，而较大的 SiO$_2$ 微粒则分布在 PEP 微相中间 (图 7.6(c))，进一步验证了基于熵理论的预测[14]。

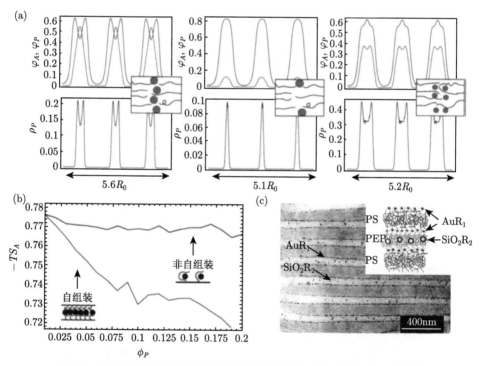

图 7.6 熵调控纳米粒子在嵌段共聚物纳米复合体系中的空间分布 [13,14]

由此看出，通过调节接枝聚合物的诸如配体类型、接枝密度、组分比例等途径，调控构象熵和焓相互作用的竞争关系，可以有效地控制纳米粒子在嵌段共聚物相区内的空间分布。近年来，许多文献报道了利用聚合反应直接调控纳米粒子在聚合物基体内的分布情况。如图 7.7(a) 所示，分子动力学模拟研究表明，伴随着 Janus 粒子一侧的可控自由基聚合反应的进行，Janus 粒子会被诱导进入嵌段中，以获得更大的构象熵[15]。按照这样的思路，研究者设计了 PBA/PDMA 接枝的纳米粒子二元混合体系，考虑了粒子间相互作用、构象熵和平动熵的竞争关系，在不同的温度下实现了从层状分相到接近单分子层次完美混合结构的可逆转变[16]。

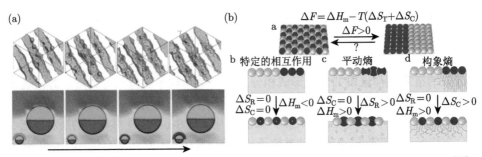

图 7.7　(a) 构象熵调控不同聚合反应速率的 Janus 粒子在嵌段共聚物相界面处的位置 [15]；
(b) 构象熵促进 PBA/PDMA 接枝的 Janus 粒子在界面处完美混合 [16]

　　前面提到，纳米粒子在嵌段共聚物复合体系中的分布可以通过熵调控实现。熵很容易受诸如压力、温度等外界条件的影响，这为设计刺激响应性材料提供了一个独特的途径。例如，嵌段共聚物纳米复合薄膜在强外场条件下，构象空间大为减少，聚合物的构象熵被限制而不足以弥补纳米粒子平动熵的损失。此时，较大的纳米粒子能可逆地进入亲和相区中 [17]。通过改变纳米粒子在相区的分布能够改变纳米粒子的导电、导热性能，也可以设计微纳米结构的压力开关。另一个有趣的例子是，在脆性薄膜与可变形聚合物层接触的复合材料中，裂纹的形成是一个关键问题。在含有缺口或者裂缝的表面附近填充聚合物时，聚合物熔体在粒子和界面之间形成了类似之前所提到的构象熵与平动熵的竞争，进而驱动一部分纳米粒子进入缺陷中。如图 7.8(a) 所示，研究者将聚乙二醇杂化 CdSe 纳米粒子分散在聚甲基丙烯酸甲酯 (PMMA) 薄膜内，通过加热的方法强化了熵效应和动力学过程，实现纳米复合材料的自我修复 [12,18]。

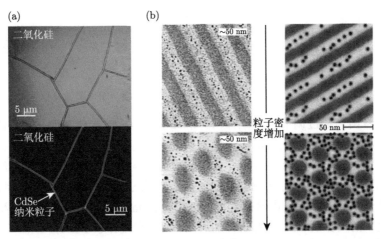

图 7.8　(a) 聚合物纳米复合材料的裂纹产生与自愈合 [18]；(b)PS 修饰的金纳米粒子的填充分数调控嵌段共聚物 PS-b-P2VP 的层状–六方柱相转变，左边为实验结果 [19]，右边为模拟结果 [20]

同样的，嵌段共聚物的组装行为也会受到纳米粒子的影响。近年来，大量的文献报道了纳米粒子诱导聚合物的相转变行为 [19,20]。例如，聚苯乙烯 (PS) 和聚-2-乙烯基吡啶 (P2VP) 修饰的金纳米粒子在 PS-b-P2VP 嵌段共聚物的相界面上会降低聚合物链的自由度，从而导致聚合物体系发生从层状相到双连续相的微观相转变 [19]。这主要是由于位于嵌段共聚物相界面的 Janus 纳米粒子不利于聚合物链段的伸展，导致聚合物体系的熵增加。通过混合场方法研究嵌段共聚物纳米粒子在平衡条件下的微观结构，发现随着纳米粒子的浓度增加，嵌段共聚物发生层状–六方柱相的可逆转变，这与 PS 修饰的金纳米粒子诱导的 PS-b-P2VP 中的实验结果相一致 [20]。

7.4 半刚性链的强熵效应

前面提到，当高分子链的轮廓长度 L 与持续长度 l_p 相近时，高分子链可以被视作半刚性链。半刚性链的构象空间的键角分布并不像柔性链那样均匀且随机，也不像刚性棒状分子那样具有高度的单分散性和长程关联性 (如图 7.2(b) 所示)。本节中，我们将介绍以蠕虫状链模型为基础建立依赖于弯曲势能常数 κ 的刚性链模型，并采用蒙特卡罗方法去计算单根聚合物在柔性、半刚性和刚性时的熵。我们采用了经典的 Kremer-Grest 珠子–弹簧模型 [21]，该模型中聚合物链由 N 个直径为 σ 的小球组成。链单元之间的排除体积效应由 Week-Chandler-Andersen(WCA) 势能体现。作为一种短程排斥势能，当珠子之间的距离 $r < 2^{1/6}\sigma$ 时，其势能表达式为

$$U^{\text{WCA}}(r) = \begin{cases} 4\varepsilon \left[\left(\dfrac{\sigma}{r} \right)^{12} - \left(\dfrac{\sigma}{r} \right)^{6} + 1/4 \right] & (r < 2^{1/6}\sigma) \\ 0 & (r \geqslant 2^{1/6}\sigma) \end{cases} \quad (7.16)$$

其中 ε 为势阱深度，单位为 $k_{\text{B}}T$；σ 为小球的直径；r 为珠子之间的距离。相邻的聚合物珠子之间通过一条有限延伸非线性弹性 (finit extensible nonlinear elastic, FENE) 弹簧进行连接，其势能表达式为

$$U^{\text{FENE}}(r) = \begin{cases} -0.5kR_0^2 \ln[1 - (r/R_0)^2] & (r \leqslant R_0) \\ +\infty & (r > R_0) \end{cases} \quad (7.17)$$

其中 $k = 30\varepsilon/\sigma$ 为弹簧常数，$R_0 = 1.5\sigma$ 为小球的直径。同时，为了模拟链的刚性，我们设置了 Euler 弯曲势能 (角势)，其势能表达式为

$$U^{\text{Angle}}(\theta) = \kappa(1 - \cos\theta) \quad (7.18)$$

其中 κ 为弯曲势能常数，单位为 ε；θ 为键角。我们采用结合 Wang-Laudau 有偏抽样的蒙特卡罗方法计算了单根聚合物链的总熵随着 κ 的变化。理论计算表明，

单根聚合物链的熵在半刚性区域 ($\kappa \sim 1.0$) 取得最大值 (如图 7.9(a) 所示)。通过观察柔性、半刚性和刚性链的密度分布函数，我们发现在半刚性区域，链的分布更加均匀 [22] (如图 7.9(b) 所示)，其可获得的构象数更高，意味着破坏这种稳定构象所带来的熵损耗更大，因而构象熵效应在半刚性高分子体系中发挥的作用就更大。

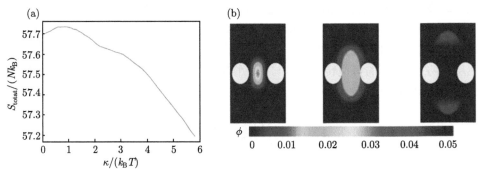

图 7.9   (a) 蠕虫状链的熵对弯曲势能常数的依赖关系；(b) 柔性 (左)、半刚性 (中) 和刚性 (右) 的蠕虫状链的密度分布函数 [21]

本质上，可以认为半刚性链是一种弯曲受限下熵效应增强的现象，通常体现在熵 (以及一切与熵有关的参数) 与持续长度 l_p 的非单调关系。相比于柔性链，半刚性链能够强化聚合物的溶液和熔体中的构象熵效应，影响聚合物纳米复合体系的熵焓平衡。例如，实验研究了基于半刚性链的聚合物纳米复合体系，发现其能够在更低的温度下实现熵效应驱动的自愈合行为 [23]。如图 7.10(a) 所示，通过模拟聚合物链接枝的 Janus 粒子在嵌段共聚物界面处混合程度的刚度依赖性，发现半刚性链更容易诱发接近单分子层次的完美混合结构 [24]。倘若聚合物的末端具有动态结合能力，其反应性将在半刚性区域达到最佳 [22]。进一步的理论计算指

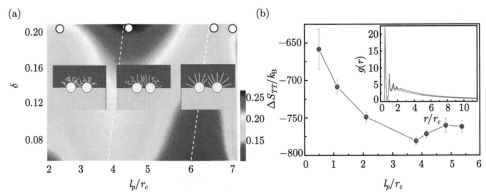

图 7.10   (a) 聚合物接枝的 Janus 粒子在嵌段共聚物界面混合参数 δ 与持续长度 l_p 的相图 [23]；(b) 聚合物接枝的 Janus 粒子在嵌段共聚物界面处的熵 ΔS_{TT} 关于持续长度 l_p 的非单调关系 [24]

出，粒子的排除体积熵和不同刚性聚合物的构象熵的竞争关系对 Janus 粒子的混合参数有决定性的影响。

链的刚性可以调控体系的熵焓平衡，介导体系的多级自组装行为。一个有趣的现象是，DNA 分子接枝的纳米粒子在水中的溶解对于温度十分敏感。理论计算表明，DNA 纳米粒子网络的熵协同性是产生这种一级相变的根源所在 [25]。该现象可以应用于 DNA 的检测，其敏感度高出传统的荧光检测 2 个数量级。研究指出，熵在 DNA 纳米粒子表面吸引作用的调控中扮演着重要角色。如图 7.11(a) 所示，当 DNA 的末端相互结合的时候，会导致杂化 DNA 链的运动受到限制而损失平动熵，从而削弱纳米粒子之间的 DNA 链结合能力。另一种熵效应是"组合"构象熵贡献，它源于两个表面之间形成了一定数量的键 [26]。因为有许多黏性末端，每个端部都有多个配对的可能，从而促进了纳米粒子之间 DNA 链的结合。通过对 DNA 杂化纳米粒子在低温条件下结晶行为的实验研究，发现调节半刚性区域下 DNA 分子的长度和序列，可以得到如图 7.11(b) 所示的面心立方 (FCC) 和体心立方 (BCC) 等晶格结构，并结合分子动力学模拟，定量分析了焓效应、构象熵和振动熵在形成有序结构时的贡献，指出了 BCC 的结晶结构是熵效应主导的 [27]。进一步的研究表明，两种不同类型 DNA 链杂化 Janus 纳米粒子在低温下进行自组装时，由于粒子的取向在原有的 FCC 结构基础之上会形成简单立方 (SC)、四

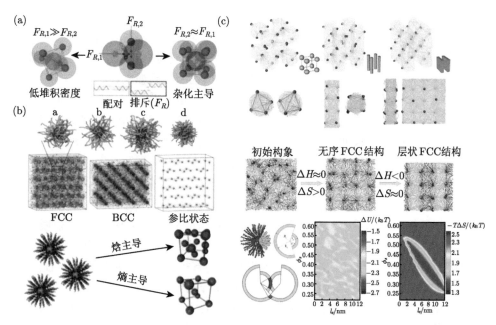

图 7.11　(a)DNA 杂化纳米粒子的熵协同性 [26]；(b)DNA 杂化的纳米粒子在低温条件下形成晶格结构 [27]；(c) 不同种类的 DNA 杂化的 Janus 粒子超晶格结构和结晶动力学 [28]

方柱 (P4) 和层状 (L) 等超晶格结构。如图 7.11(c) 所示，熵驱动了 DNA 杂化纳米粒子的有序结构形成，而焓主导了 Janus-DNA 杂化纳米粒子的取向 [28]。

7.5 超分子与凝胶体系中的构象熵效应

高分子科学与超分子化学的交叉产生了多种多样的聚合物超分子体系，其丰富的超分子结构以及多分子间的相互协同，在自修复材料、纳米载体和生物医学等领域有着十分广阔的应用前景。在超分子体系的合成中，人们通常把注意力集中在容易受到外界条件影响且具有动态可逆特征的非共价相互作用，如氢键、π-π 堆积作用、静电相互作用等。这些传统的焓相互作用距离较短，不容易形成长程大范围的结构有序。熵效应却具有长程大范围的特点，但由于其统计本质和复杂性而很少被报道。实际上，自然界中大量有序结构的形成离不开熵效应。特别是在超分子和高分子凝胶中，构象熵在其中扮演着重要的角色。

在超分子体系中，主客体分子之间往往存在不止一种相互作用，而 "组合" 熵在分配主客体分子之间的相互作用时扮演着至关重要的角色。除了 DNA 杂化纳米粒子之外，一个有趣的例子是含有油溶性末端的遥爪聚合物连接的微乳液 [29]。如图 7.12 所示，由于亲油性相互作用，所有的端部都必须在油滴内，而两个疏水端可以溶解在同一油滴或者分散在两个油滴中。这样聚合物就能提供不同液滴之间的交联。人们通常认为，在理想情况下，最大熵的状态是聚合物的两端位于同一液滴中的状态，如图 7.12(a) 所示。的确，当溶液中聚合物的填充分数 c 特别低，或者单个液滴中遥爪聚合物的链数 r 较小时，这种结构能够使所有液滴都保持着它们最大的平动自由度，聚合物链的构象熵也能达到最大。

然而，当油滴的浓度 c 和油滴中聚合物链的数量 r 超过一定值时，实验得到了类似于凝胶化的相，如图 7.12(b) 所示。理论计算表明，尽管在液滴之间的交联结构限制了链的构象伸展，但是采取交联构象能够最大限度地增加液滴自身的平动和振动自由度，从而抵消构象熵的损失。

除此之外，构象熵在微纳米结构的合成中也有重要影响。例如，烷基链杂化的 Au 纳米粒子的聚苯乙烯-聚 (4-乙烯吡啶) (3-十五烷基苯酚)$_n$(PS-b-P4VP(PDP)$_n$) 梳形高分子超分子体系中，利用原子力显微镜 (AFM) 和掠入射小角 X 射线散射 (GISAXS) 技术，发现了温度响应的层状–六方柱相–无序的多级自组装结构 [31]。实验认为，在温度较低的情况下，当纳米粒子的直径大于聚合物的旋转半径 (R_g) 时，纳米颗粒会被排到 P4VP 嵌段的中心处以降低聚合物的构象熵。然而，随着温度的升高，纳米粒子表面的烷基链与 P4VP 上接枝的烷基链相互作用形成较大的界面张力，导致体系发生层状–六方柱相转变。研究者还运用分子动力学 (MD) 和分子力学 (MM) 计算等研究了 N, N'-双 (N-烷基) 萘二酰亚胺在二维平面的自组装，得到了层状和蜂巢状的二维超分子结构，如图 7.13 所示 [32]。讨论了不同烷基链长度下熵和焓对于层状-蜂巢状转变自由能的贡献。分子力学计算明确地指出，二维结构形成中，烷基链的构象熵对于超分子结构的自由能贡献是不可忽视的。

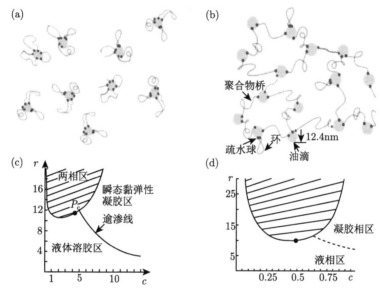

图 7.12 含油溶性末端的遥爪聚合物微乳液：(a) 聚合物与油溶性末端在同一个液滴中；(b) 聚合物与油溶性末端形成液滴间交联；(c) 实验测得的相图 [29]；(d) 理论预测的相图 [30]

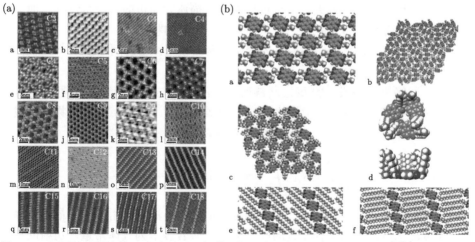

图 7.13 不同烷基长度的 N, N'-双 (N-烷基) 萘二酰亚胺的超分子组装结构 [32]：(a) 原子力显微镜图像；(b) 分子动力学模拟结构

作为世界上最广泛存在的生物大分子，蛋白质的稳定和功能实现与构象熵密

切相关 [33]。蛋白质在常温或者低温条件下,在水中的溶解总是处于折叠状态,通常认为熵本质的疏水效应是蛋白质折叠的主导力。也就是说,由于折叠蛋白质的溶剂化作用,蛋白质将埋藏在内部的水转移到了溶剂相,从而增加了整个体系的熵。然而,高温条件下,蛋白质会解除折叠状态。这是因为高温克服了分子内基团的相互作用 (主要是氢键和 π-π 堆积作用),使得采取展开态能够获得更大的构象熵以补充较高的能量,并克服蛋白质在展开状态下与水溶液接触时溶剂化熵的降低。在这样的背景下,作为蛋白质的两个主要结构之一的 α 螺旋,其螺旋–线团 (helix-coil) 转变受到了大量的关注。Schellman[34] 首先提出了 "拉链"(zipper) 模型。该模型把螺旋形成过程划分为两个阶段: 螺旋成核阶段和螺旋增长阶段。通过对两个阶段热力学平衡特性的描述,就可以令人满意地描述这一热力学过程。尽管成核阶段要付出自由能的代价,形成线圈结构须首先在局部区域形成一小段螺旋线,随后螺旋结构从形核部位向外扩展,这是由于螺旋形成过程中氢键等焓相互作用弥补了构象熵的损失,但是该模型只能处理多肽链中形成单个螺旋的情况,由此限制了其在长链中的应用。基于矩阵方法,可以同时处理多个螺旋的理论方法被陆续提了出来,其中最著名的就是 Zimm-Bragg 理论 [35] 和 Lifson-Roig 理论 [36],并由此形成了处理螺旋–线团转变热力学过程的经典理论。随着实验手段的进步,通过单分子力谱,或者核磁共振和中子光谱获得的序参量,可以对构象熵进行直接测量表征。

一般来说,聚合物凝胶是由物理连接或者化学连接的聚合物网络组成的。弹性是许多聚合物网络的特征,例如弹性体和凝胶,其物理本质来自于当网络的一部分被拉伸后,构象的消失。这个过程通常被描述为随机的解缠结过程。而当外力消除时,聚合物链将重新缠结,从而恢复更高熵的状态。

在本部分,我们将介绍最简单的聚合物网络模型:仿射网络模型 [2],以揭示橡胶和凝胶网络中熵弹性本质。

仿射网络模型假设:① 每根网链所经历的形变与整个网络的宏观形变相同;② 网链是一种不可压缩 (即泊松比为 0.5) 的高斯链。当 nN_A 根聚合物链组成的网络在受到外力 f 作用时,其自由能变化可以写作

$$\Delta F = -W = \frac{3k_{\mathrm{B}}T}{Na^2}(nN_A)\int_{Na^2}^{\overline{r_i^2}} r\mathrm{d}r = 3nRT\frac{\overline{r_i^2}}{Na^2}\left(\lambda^2 + \frac{2}{\lambda} - 3\right) \tag{7.19}$$

其中 $\overline{r_i^2}$ 是形变开始时网链的均方末端距,λ 是材料沿着作用方向的最终长度和初始长度的比值,n 为聚合物链的摩尔数,$R = N_A k_{\mathrm{B}}$ 为气体常量。仿射网络的应力–应变行为在单轴力的作用下可以表示为

$$\sigma = \left(\frac{\partial \Delta F}{\Delta \lambda}\right) = nRT\frac{\overline{r_i^2}}{r_0^2}\left(\lambda - \frac{1}{\lambda^2}\right) \tag{7.20}$$

其中 σ 为工程应力，定义为 F/A，即施加在材料上的力除以初始横截面积。可见，仿射网络模型认为柔性聚合物网络的弹性完全由聚合物链的构象熵提供。

影响生物聚合物交联网络力学行为的内部和外部因素纷繁复杂且高度关联，实验中很难就单一独立因素对生物聚合物交联网络力学行为进行完整的研究。如图 7.14 所示，目前研究主要关注的肌动蛋白质 (包括微丝、中间纤维和微管) 是一种典型的半刚性聚合物。它的持续长度 $l_p (10 \sim 17\mu m)$ 与轮廓长度 $L(0.1 \sim 10\mu m)$ 相当。在生理温度下，单个细丝将表现出对 L/l_p 敏感的熵和焓弹性的组合，并能够在比柔性聚合物低得多的应变下变硬[37]。这些具有一定刚性的生物高聚物凝胶并不完全符合柔性网络的熵弹性理论。

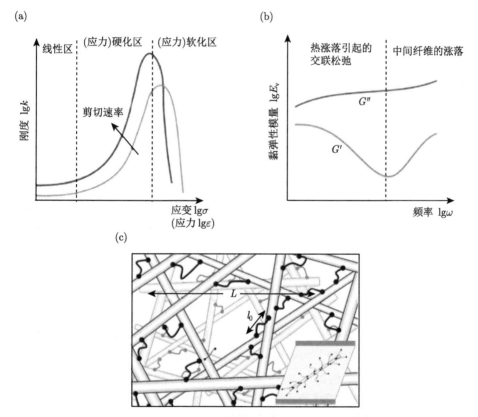

图 7.14 (a) 肌动蛋白质纤维交联网络刚度对应力 (或应变) 的依赖关系；(b) 肌动蛋白质纤维交联网络流变性质的依赖关系[5]；(c) 肌动蛋白质交联网络的硬棒–弹簧模型[37]

研究者利用纯化肌动蛋白质与各种肌动蛋白质的结合蛋白质在溶液中混合形成的随机网络的流变学特性，对肌动蛋白质网络的力学性质进行了广泛的研究[37–41]。最近的研究表明，交联肌动蛋白质网络在剪切作用下会发生应力硬

化，并将这种行为解释为单个纤维或在拉伸条件下细丝之间的柔性交联剂的固有
应力硬化，这表明这些网络的弹性由熵贡献为主，而非抵抗弯曲的长丝的焓作用贡
献 [38]。然而，当肌动蛋白质网络的长丝长度从这些体外试验中 (约 $2 \sim 70\mu m$) 减
小到体内试验时的长度 (约 $0.1 \sim 10\mu m$) 时，链的刚性将会更加明显地体现出来。
事实上，通过提高肌动蛋白质和交联剂的浓度，使得肌动蛋白质中交联点和交联
点之间的距离变小，焓弹性将占据主导地位 [39]。有研究者在等效介质方法的基
础上，提出生物聚合物交联网络的应力硬化主要来源于交联蛋白质的构象熵效应
所带来的柔性，并建立了由刚性纤维和柔性交联蛋白质复合而成的网络模型 [40]。
在这个模型中，由于纤维被简化为刚性棒状分子，交联蛋白质既可以简化为熵弹
簧，也可以考虑成具有非线性行为的蠕虫状链。该模型认为网络的变形纯粹来源
于交联蛋白质本身的力学属性，相关结果较好地符合了网络非线性以及应变硬化
行为 [40]。

聚合物凝胶的熵弹性还与凝胶的扩散行为紧密地联系。根据胶体 Stokes-
Einstein 扩散理论，胶体粒子受到分子的无规碰撞而发生运动，其均方位移 $\langle r^2 \rangle$
应与时间 t 成正比，即

$$\langle r^2 \rangle = 2dDt \tag{7.21}$$

其中 d 为维数，D 为扩散系数。

然而，在一些特定的条件下，粒子的扩散行为会偏离上面所描述的经典扩散
行为，称之为反常扩散 (anomalous diffusion)。实际上，当体系中存在许多物理
不可穿越的障碍时，例如多孔材料、纳米点阵、聚合物凝胶以及脂质体膜等，粒
子的扩散行为往往表现为反常扩散。在反常扩散中，粒子的均方位移与时间不再
是简单的线性依赖关系，通常满足

$$\langle r^2 \rangle = 2dDt^\alpha \tag{7.22}$$

其中 α 为扩散指数，当 $\alpha > 1$ 时为超扩散，而 $\alpha < 1$ 时为亚扩散。

早在 20 世纪 90 年代，研究者就发现凝胶的扩散行为不符合传统的 Stokes-
Einstein 扩散理论 [42]。例如，Weitz 等利用粒子追踪技术研究肌动蛋白质凝胶网
络水溶液中纳米粒子的扩散行为时，首次定量地测量了凝胶网络的反常扩散行为，
并提出凝胶网络的扩散行为与凝胶的体积分数 ϕ、凝胶的网眼尺寸 ξ 和凝胶网络
的伸直长度 L 有着密切的关系 [41]。为了解释凝胶网络的反常扩散，Kumar 等提
出了聚合物溶液 "可控释放" 的机理，并结合分子动力学模拟进行了验证 [43]。如
图 7.15 所示，Rubinstein 等则提出受限纳米粒子 ($R > \xi$) 的 "受限–跳跃" 理论，
依据聚合物的构象弹性理论指出了柔性聚合物网络的构象熵是示踪纳米粒子在网
络中受限的原因，并给出了缠结和非缠结聚合物网络的受限势能表达式 [44]。聚合

物凝胶的一个重要应用是药物载体，其中的关键问题在于调控凝胶释放药物的动力学机理并不十分明确，而"受限–跳跃"理论很好地解释了柔性聚合物凝胶释放动力学中释放时间与凝胶的本征参数之间的关系，并被一系列 PEG 凝胶的粒子示踪实验所证实 [45]。

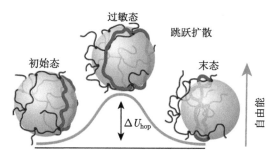

图 7.15　受限纳米粒子在纳米网络中跳跃扩散背后的熵效应示意图 [44]

参 考 文 献

[1] 何曼君, 陈维孝, 董西侠. 高分子物理. 修订版. 上海: 复旦大学出版社, 2005.

[2] Flory P J. Statistical Mechanics of Chain Molecules. Hoboken: Wiley, 1969.

[3] Wang Z G. 50th anniversary perspective: polymer conformation—a pedagogical review. Macromolecules, 2017, 50(23): 9073-9114.

[4] Broedersz C P, MacKintosh F C. Modeling semiflexible polymer networks. Rev. Mod. Phys., 2014, 86(3): 995-1023.

[5] 程传亮, 龚博, 钱劲. 生物聚合物交联网络的力学响应. 应用数学和力学, 2016, 37(5): 441-458.

[6] Kratky O, Porod G. Röntgenuntersuchung gelöster Fadenmoleküle. Recueil des Travaux Chimiques des Pays-Bas., 1949, 68(12): 1106-1123.

[7] Bustamante C, Marko J F, Siggia E D, et al. Entropic elasticity of λ-Phage DNA. Proc. Nati. Acad. Sci., 1991, 88: 10009.

[8] Frenkel D, Louis A A. Phase separation in binary hard-core mixtures: an exact result. Phys. Rev. Lett., 1992, 68(22): 3363-3372.

[9] Luo Z L, Zhang B, Qian H J, et al. Effect of the size of solvent molecules on the single-chain mechanics of poly(ethylene glycol): implications on a novel design of a molecular motor. Nanoscale, 2016, 8(41): 17820-17827.

[10] Dijkstra M, Frenkel D, Hansen J P. Phase separation in binary hard-core mixtures. J. Chem. Phys., 1994, 101(4): 3179-3189.

[11] Lekkerkerker H N W, Poon W C K, Pusey P N, et al. Phase behaviour of colloid + polymer mixtures. Europhys. Lett., 1992, 20(6): 559.

[12] Balazs A C, Emrick T, Russell T P. Nanoparticle polymer composites: where two small worlds meet. Science, 2006, 314(5802): 1107-1110.

[13] Thompson R B, Ginzburg V V, Matsen M W, et al. Predicting the mesophases of copolymer-nanoparticle composites. Science, 2001, 292: 2469-2472.

[14] Bockstaller M R, Lapetnikov Y, Margel S, et al. Hierarchically ordered multi-component block copolymer/particle nanocomposite materials. J. Am. Chem. Soc., 2003, 125(18): 5276-5277.

[15] Chen P, Yang Y, Dong B, et al. Polymerization-induced interfacial self-assembly of Janus nanoparticles in block copolymers: reaction-mediated entropy effects, diffusion dynamics, and tailorable micromechanical behaviors. Macromolecules, 2017, 50(5): 2078-2091.

[16] Sheiko S S, Zhou J, Arnold J, et al. Perfect mixing of immiscible macromolecules at fluid interfaces. Nat. Mat., 2013, 12(8): 735-740.

[17] Dai X B, Chen P Y, Zhu G L, et al. Entropy-mediated mechanomutable microstructures and mechanoresponsive thermal transport of nanoparticle self-assembly in block copolymers. J. Phys. Chem. Lett., 2019, 10(24): 7970-7979.

[18] Zhang Q L, Gupta S, Emrick T, et al. Surface-functionalized CdSe nanorods for assembly in diblock copolymer templates. J. Am. Chem. Soc., 2006, 128(12): 3898-3899.

[19] Kim B J, Chiu J J, Yi G R, et al. Nanoparticle-induced phase transitions in diblock-copolymer films. Adv. Mat., 2005, 17(21): 2618-2622.

[20] Chiu J J, Kim B J, Kramer E J, et al. Control of nanoparticle location in block copolymers. J. Am. Chem. Soc., 2005, 127(14): 5036-5037.

[21] Kremer K, Grest G S. Monte Carlo and molecular dynamics simulations in polymer science. Physica Scripta, 1995, 1991(T35): 61.

[22] Xu G X, Huang Z H, Chen P Y, et al. Optimal reactivity and improved self-healing capability of structurally dynamic polymers grafted on Janus nanoparticles governed by chain stiffness and spatial organization. Small, 2017, 13(13): 1603155.

[23] Ahn B K, Lee D W, Israelachvili J, et al. Surface-initiated self-healing of polymers in aqueous media. Nat. Mat., 2014, 13(9): 867-872.

[24] Huang Z H, Lu C, Dong B J, et al. Chain stiffness regulates entropy-templated perfect mixing at single-nanoparticle level. Nanoscale, 2016, 8(2): 1024-1032.

[25] Lukatsky D B, Frenkel D. Phase behavior and selectivity of DNA-linked nanoparticle assemblies. Phys. Rev. Lett., 2004, 92(6): 068302.

[26] Thaner R V, Kim Y, Li T I, et al. Entropy-driven crystallization behavior in DNA-mediated nanoparticle assembly. Nano Lett., 2015, 15(8): 5545-5551.

[27] Wang M X, Brodin J D, Millan J A, et al. Altering DNA-programmable colloidal crystallization paths by modulating particle repulsion. Nano Lett., 2017, 17(8): 5126-5132.

[28] Zhu G L, Xu Z Y, Yang Y, et al. Hierarchical crystals formed from DNA-functionalized Janus nanoparticles. ACS Nano, 2018, 12(9): 9467-9475.

[29] Filali M, Ouazzani M J, Michel E, et al. Robust phase behavior of model transient networks. J. Phys. Chem. B, 2001, 105(43): 10528-10535.

[30] Zilman A, Kieffer J, Molino F, et al. Entropic phase separation in polymer-Microemulsion networks. Phys. Rev. Lett., 2003, 91(1): 015901.

[31] Zhao Y, Thorkelsson K, Mastroianni A J, et al. Small-molecule-directed nanoparticle assembly towards stimuli-responsive nanocomposites. Nature Materials, 2009, 8(12): 979-985.

[32] Miyake Y, Nagata T, Tanaka H, et al. Entropy-controlled 2D supramolecular structures of N, N'-bis (nalkyl) naphthalenediimides on a HOPG surface. ACS Nano, 2012, 6(5): 3876-3887.

[33] Strogatz S H. Exploring complex networks. Nature, 2001, 410(6825): 268-276.

[34] Schellman J A. The factors affecting the stability of hydrogen-bonded polypeptide structures in solution. J. Chem. Phys., 1958, 62(12): 22-31.

[35] Zimm B H, Bragg J K. Theory of the phase transition between helix and random coil in polypeptide chains. The J. Chem. Phys., 1959, 31(2): 526-535.

[36] Lifson S, Roig A J. On the theory of helix-coil transition in polypeptides. J. Chem. Phys., 1961, 34(6): 1963-1974.

[37] Zilman A, Kieffer J, Molino F, et al. Entropic phase separation in polymer-microemulsion networks. Phys. Rev. Lett., 2003, 91(1): 015901.

[38] Filali M, Ouazzani M J, Michel E, et al. Robust phase behavior of model transient networks. J. Phys. Chem. B, 2001, 105(43): 10528-10535.

[39] Storm C, Pastore J, MacKintosh F C, et al. Nonlinear elasticity in biological gels. Nature, 2005, 435(7039): 191-194.

[40] Broedersz C P, Storm C, Mackintosh F C. Nonlinear elasticity of composite networks of stiff biopolymers with flexible linkers. Phys. Rev. Lett., 2008, 101(11): 118103.

[41] Bursac P, Lenormand G, Fabry B, et al. Cytoskeletal remodelling and slow dynamics in the living cell. Nat. Mat., 2005, 4(7): 557-561.

[42] Shibayama M, Isaka Y, Shiwa Y. Dynamics of probe particles in polymer solutions and gels. Macromolecules, 1999, 32(21): 7086-7092.

[43] Kalathi J T, Yamamoto U, Schweizer K S, et al. Nanoparticle diffusion in polymer nanocomposites. Phys. Rev. Lett., 2014, 112(10): 108301.

[44] Cai L H, Panyukov S, Rubinstein M. Hopping diffusion of nanoparticles in polymer matrices. Macromolecules, 2015, 48(3): 847-862.

[45] Lungova M, Krutyeva M, Pyckhout-Hintzen W, et al. Nanoscale motion of soft nanoparticles in unentangled and entangled polymer matrices. Phys. Rev. Lett., 2016, 117(14): 147803.

第 8 章　生命体系中的熵效应

本章主要阐述生命体系中典型的熵效应。首先简要介绍熵与生命体系的重要联系，表明熵在生命体系中的能量、信息交换等方面都扮演重要角色；在此背景下，详细说明了熵在介导蛋白质组织功能实现中所起到的作用，并通过列举典型的体系和现象，阐述了构象熵对蛋白质折叠、立体构象及其空间结构产生的影响；最后，深入剖析了熵效应在极端条件下对生命体系产生的影响，以及熵与生命体系中相分离的密切关联。

8.1　熵 与 生 命

作为描述热力学系统的重要参量之一，多年以来，熵已被广泛应用于物理、化学、生物等众多的自然科学领域。在生命过程中，熵更是扮演着举足轻重的关键角色。

从有界限、有秩序状态向无界限、无秩序状态发生不可逆的变化是自然界中普遍存在的现象。例如，热量总是从高温的物体主动传向低温的物体，滴入清水中的墨汁会自动地扩散并均匀分布到水中。但是，对于自然界中的生物体而言，产生随机性、造成混乱或信息丢失的过程似乎显得那么格格不入，生命的存活、繁衍、进化过程总是从低级向高级，从简单向复杂，从无序向有序逐步进行、发展。地球上所有的生命体都来自存在于大约 3.5 亿~3.8 亿年前的一个共同祖先，在漫长的进化过程中，生物体内部产生变化，新的物种不断产生，生存不利的物种则逐步被淘汰、灭绝，最终形成了现今多样的生物体系。虽然目前我们仍不清楚生命是如何产生的，甚至对于其复杂性的产生了解得也不够深入、具体，但确信无疑的是，无论是从分子、细胞、组织、器官还是种群层面，生命体都具备高度的结构性和组织性特征。

1943 年，奥地利物理学家埃尔温·薛定谔 (Erwin Schrödinger) 首次提出了一系列大胆的猜想，他认为物理学和化学原则上可以诠释生命现象，这为分子生物学的诞生奠定了坚实的基础 [1]。薛定谔在他的著作《生命是什么》(图 8.1) 中指出："生命以 '负熵' 为生。"生命体通过增大外界的熵来减小自身的熵，从而达到高度有序，负熵只是表现在局部，从整体上看，熵是一直增加的。自然万物都趋向从有序到无序 (熵值增加)，在宇宙这个庞大的孤立系统中，熵永远不会减少。因此，生命体系中随着组织结构的有序造成的熵减少，必定伴随着在维持其所处的环境中的熵增加。实际上，一个生命体为了维持自身稳定而又"低熵"的状态，必须不断地从环境中汲取负熵，去抵消其在生活中不断产生的熵增量。从这个角度来讲，新陈代谢的本质并不是为了让生命体与环境进行物质的交换，而是为了消除生命体存活时不得不产生的全部熵，从而避免其逐步衰退到平衡态，走向死亡。例如，人体通过摄取食物来汲取负熵，推迟自身向最大熵 (死亡) 靠近的状态；太阳光则是植物汲取负熵的最有效途径，通过光合作用，植物将小分子的二氧化碳和水转化为葡萄糖，抽取了周围环境"序"，植物体得以存活，其内部结构也得到相应的发展。

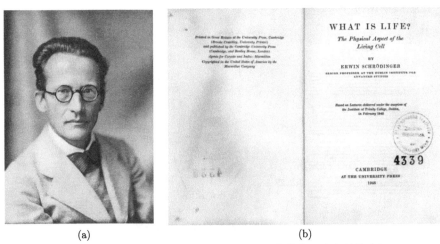

(a)　　　　　　　　　　(b)

图 8.1　埃尔温·薛定谔 (1887 ～ 1961) 及其著作《生命是什么》

8.2　熵介导的膜蛋白组织与功能实现

细胞膜，或者又称为质膜，是细胞与外界环境之间的一道重要屏障，它能够将细胞与外界环境分隔开并形成封闭的细胞内环境，防止外部物质随意进出细胞，令细胞保持相对的稳定性。

细胞膜主要由磷脂、蛋白质和糖类等物质构成 (图 8.2)。磷脂分子具有两亲性，碱基和磷酸等亲水性基团构成磷脂的亲水端，疏水端则主要由脂肪酸烃链组成。细胞膜由双层磷脂分子构成，磷脂的亲水性头部分别朝向细胞外和细胞内，疏水性尾端向内，紧密有序排列。蛋白质主要分为内在蛋白质和外在蛋白质两种，可以镶嵌、贯穿或是吸附在磷脂双层中。由于磷脂分子具有一定的流动性，因此蛋白质也能够在膜上发生随机移动、旋转、横向扩散等运动。

除了起到分隔细胞与环境的作用，细胞膜还负责使细胞内部保持一定程度稳定的化学成分和浓度，并且与细胞外界环境相比展现出明显的差异，这样显著的成分、浓度差异则主要是通过被动输运和主动输运来实现和维持的。通过选择性渗透，细胞可以有选择地允许物质通过扩散、渗透或主动运输的形式进入细胞，从而调节和控制自身与外界环境的物质交换，维持生命活动。因此，选择性渗透 (半透性) 结构也是细胞膜最重要的特征之一。无论是对于被动输运还是主动输运而言，蛋白质在这些过程中都扮演了十分关键的角色。作为被动输运的形式之一，协助扩散过程虽然不耗费能量，但是需要膜蛋白作为运输载体或是离子通道，某些物质才能够顺浓度差或电位差完成跨膜扩散的过程。当然，其中作为熵力重要形式之一的渗透压会扮演非常关键的角色，有关这一点我们在本书 3.3.1 节中已经较为详细地阐述过了。

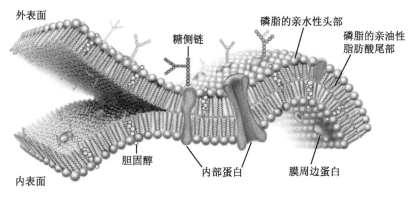

图 8.2　细胞膜及其组成结构示意图

　　载体蛋白具有很强的特异性，一种载体蛋白一般只能输运一种或是几种较为相似的分子，并且由于细胞膜上蛋白质数量有限，当输运物质的浓度达到一定程度后，输运速率达到饱和，不会再随浓度上升而增大。典型的例子如葡萄糖分子进入红细胞的过程 [2]。通道蛋白主要用于运输钠 (Na^+)、钾 (K^+)、钙 (Ca^{2+}) 等离子或是水等小分子，通常也被称为离子通道。在接受外界特定的信号 (如电信号等) 刺激后，原本呈关闭状态的离子通道会因为构象的变化而开启，就像水库的闸门一样，通过不断的关闭、开启，控制特定的离子或小分子穿越磷脂双分子层进出细胞。这个看似简单的过程保证了细胞多种功能活动的顺利进行，例如神经细胞的电传输、肌肉收缩、神经冲动引起骨骼肌收缩等各种反应过程。与动物细胞相比，植物细胞缺乏钾/钠离子的交换器，但是钾离子作为限制作物产量和品质的关键因素，又是植物细胞必需的无机离子成分，同时，保证细胞内较高且相对稳定的钾离子浓度对于酶激活、稳定蛋白质合成、中和蛋白质上的负电荷以及维持胞质 pH 稳态等过程意义重大 [3]。钾离子通道很好地解决了这一矛盾，在控制钾离子的吸收和外流过程中起到了重要作用，因此也被认为是植物膜蛋白中最具特征的一类蛋白质。

在主动输运的过程中,载体蛋白更是不可或缺的一部分。载体蛋白能够与特定的溶质结合,通过自身形状、构象等一系列变化,将一些细胞功能所需但无法自由穿过细胞膜的目标分子从膜的一侧转运到另一侧。转运完成后,载体蛋白与目标分子分离,其构象又恢复到原来的状态,周而复始的构象转变使得载体蛋白能够被反复循环使用。载体蛋白就像是一个个分布在细胞膜上的"泵",不考虑浓度差的条件,而是根据细胞的需求,将目标物质从膜一侧抽取到另一侧。与通道蛋白类似,载体蛋白也具有选择特异性和饱和性。

细胞膜上随机分布的蛋白质几乎占据了细胞膜总量的 40%,且种类繁多,不同类型的膜蛋白各司其职,发挥着其独特的作用,从而确保多项生命活动及组织功能的正常运转 (图 8.3)。根据其功能的不同,主要有以下几类。

(1) 受体蛋白 (receptor protein):激素和神经细胞与其靶细胞进行 "交流" 所必需的一类蛋白质,能与特定的化学物质结合,从而触发或抑制某些细胞的活性。

(2) 酶 (enzyme):可以接触并分解信号分子 (如激素和神经递质),充当细胞内某些化学反应的催化剂。

(3) 通道蛋白 (channel protein):横跨整个细胞膜,对物质 (如水、离子和水溶性物质等) 进出细胞进行调控,一些通道蛋白始终呈开启状态,而有些则可以通过化学信号、电压变化或机械应力等刺激对其开启和关闭进行控制。

(4) 载体蛋白 (carrier protein):主动结合特定的溶质分子 (包括一些离子和营养物质),并通过膜对其进行输运。

(5) 细胞识别标记 (cell-identity markers):细胞的 "身份标签",帮助免疫系统分辨自身细胞和外来细胞,并选择性地攻击后者,保护生物体。

(6) 细胞黏附分子 (cell-adhesion molecules,CAM):使细胞能够彼此发生结合,或将部分组织结合在一起,例如精子与卵子的结合等,一些蛋白质同时具备双重功能,也能够起到细胞识别标记的作用。

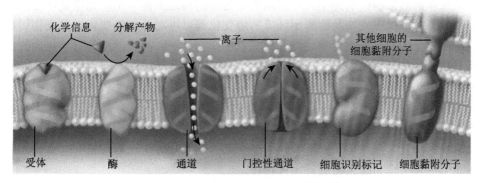

图 8.3 膜蛋白的部分种类及其功能 [4]

临床医学研究表明，膜蛋白是众多药物最为理想的药理学靶点，因此，对药物分子与膜蛋白的相互作用机制及影响因素进行深入细致的探究，有助于我们理解多种复杂临床现象产生的原因并借此更好地控制、解决相应的副作用产生。在与目标分子作用的过程中，膜蛋白不仅仅是作为一种载体，有时也同时扮演了生物酶的角色，能够对反应过程产生催化加速作用。生物酶作为一种无毒且环境友好的生物催化剂，其化学本质是蛋白质。我们知道，催化剂主要具有以下三个特性：第一，催化剂不会改变化学反应的平衡，但它能加快达到平衡的速度；第二，催化剂能够降低化学反应的活化能，使得反应可以在较为温和的条件 (较低的温度或压力等条件) 下进行；第三，化学反应前后催化剂不会被消耗，即使在与反应物形成中间化合物的情况下，催化剂也能够在反应结束后被恢复、再生。

关于熵在生物酶催化反应中起到的作用，科学家们已经经历了数十年的研究和争论。许多确切的实验与理论研究结果表明，在熵的作用下，反应所需的活化自由能大约能降低 10 kcal/mol，反应速率与未催化的反应相比则提高了约 $10^{7[5]}$。虽然对于酶催化中如此巨大的熵贡献的来源人们尚未完全达成共识，但根据一系列的研究结果，不少科学家做出了合理的解释，我们在这里举例来说明。

在溶液或细胞液的环境中，反应底物分子处于未参与化学反应的自由状态时，能够在溶剂环境中自由地旋转，拥有较高的自由度。当两个反应底物分子在溶液中随机运动到一定的距离，并且恰好处于合适的构象状态和取向状态时，反应才能够顺利进行，这个过程不但随机性比较强，而且反应过程中底物分子将损失很大的平动熵和转动熵，对于反应的自发进行是不利的，这也是双分子或多分子类型的反应比单分子类型的反应普遍更难以发生的重要原因。酶起到了降低化学反应活化能的作用，加快了反应的速率，而这种催化作用产生的重要原因是酶降低了反应体系活化熵的损失。酶的存在为反应底物分子提供了预反应的位点，当酶与底物结合时，酶的构象和底物分子的构象均会发生改变，并引导其形成自由能较低的过渡态结构，如果仅从底物熵变化的角度来进行分析，似乎酶存在与否对于反应体系活化熵影响并不大，但这明显是考虑得过于简单了。无论是在溶液中还是在酶中，反应底物及酶周围环境的熵变化都可以对总体熵变化以及底物运动和排列的行为造成很大影响。综合计算包括底物分子、酶和溶剂等对活化熵的贡献，发现酶与底物形成过渡态复合物时，周围溶剂分子获得了更大的自由体积，同时其原本部分有序排列的结构被打乱重排，熵值明显上升 [6,7]。此外，研究表明，酶蛋白表面的硬度也是调控反应体系熵和焓平衡的影响因素之一 [5]，具有柔软表面的酶蛋白拥有更为丰富的空间构象，能够显著提升自身的构象熵，更有利于反应的发生。通过深入地了解酶催化的整个动力学及热力学过程，将有助于我们对酶催化相关实验和酶工程进行优化设计。

热力学稳定性是蛋白质的一个重要性质，它不仅决定了蛋白质分子中折叠和伸展状态构象的比例，而且对于维持蛋白质的许多特性及生物体基本功能均具有十分重要的意义。设计具有理想热力学稳定性的蛋白质分子结构是一项复杂且颇具挑战的任务，其分子结构的折叠与伸展是焓与熵共同作用的过程，需要我们进行合理的权衡。与焓效应相比，熵效应对热力学稳定性的贡献更为微妙，而且对其进行量化也较为困难。熵的调控作用能够通过改变分子柔韧性等方法实现，例如引入二硫键、进行环化或改变环状结构的长度，这些微小的扰动都能够对体系产生明显的熵效应，并且几乎不涉及焓的变化。

蛋白质分子稳定性的提高可能同时伴随着自身柔韧性的降低，这将对其构象转变的途径产生一定的限制。研究表明，熵有助于蛋白质形成折叠态结构，并由此产生更强的蛋白质稳定性，而蛋白质分子内部或分子之间发生联结或解联结会导致其熵值发生显著变化，从而影响分子整体的稳定性[8]。例如图 8.4 所示，对于处于部分伸展状态的蛋白质分子，其分子链上某些位点的基团之间会发生相互作用，产生一定的联结，根据联结位点的距离不同一般可分为短程联结和长程联结。通过分别去除不同距离的基团联结，比较蛋白质分子稳定性的变化就可以发现，去除远程联结作用后，蛋白质分子结构出现明显扰动，稳定性下降，而短程联结的去除几乎不对其稳定性产生影响。原因是长程联结的去除增强了蛋白质分子构象的自由度，结构的空间受限降低，因此蛋白质的熵值增大，降低了整体稳定性。类似的结论通过对分子链上进行位点突变的实验也能够得出。

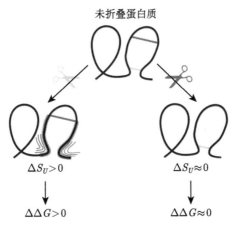

图 8.4 长程联结增强了蛋白质分子结构的稳定性[8]

诚然，蛋白质的稳定性和功能性两者之间也是需要平衡的，如果过分追求稳定性的提升，可能会导致其丧失部分重要功能，一般情况下，这并不是我们想看到的。当然，如果在一些特定需求的条件下，通过调控蛋白质结构的稳定性来限制某些功能的实现，也可能成为一项重要手段。

8.3　蛋白质折叠与构象熵

在本节，通过列举一些典型的体系和现象，我们将详细阐述构象熵对蛋白质折叠、立体构象及其空间结构产生的影响，以及相应的体系在熵的调控下所展现出的独特现象和有趣变化。

蛋白质分子经过折叠或变形后能够形成多样的复杂结构 (一级、二级、三级和四级结构)，这是蛋白质不同功能和性质得以实现的必要条件。独特的空间结构形成在生物学中具有十分重要的意义，而熵是决定蛋白质分子立体构象的重要因素之一 (图 8.5)。例如，对于伸展、未发生折叠的蛋白质分子，其所处环境中的溶剂分子会自发地规则排列在蛋白质疏水氨基酸侧链附近，如此有序的排列结构使得水的熵值降低。为了避免反应体系总熵也降低，蛋白质分子选择通过弯曲、折叠的方式，将疏水性侧链 (包括非极性侧链、极性侧链、肽基、带电侧基等) 包裹在其立体结构之中。在从伸展到折叠的过程中，蛋白质分子展现出更为规律、有序的立体结构，损失了较大的构象熵 [9,10]，而原来排列在疏水基团周围的溶剂分子则失去约束，随机分散于溶液之中，自由体积增大，溶剂分子的平动熵显著提升，反应体系的总熵因而增大。

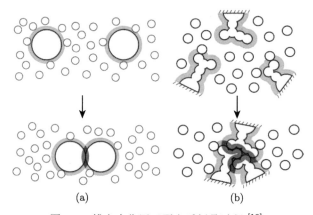

(a)　　　　　　　　　　　　(b)

图 8.5　排空力作用于蛋白质折叠过程 [10]

同样的，作为植物细胞中叶绿体内膜系统的重要构成单位，类囊体主要由蛋白质和脂质所组成，呈扁平囊状结构。通过实验中对叶绿体的观察，我们发现一个个扁平状的类囊体并不是随意地分散在叶绿体内，而是倾向于压缩、堆叠在一起，形成层状堆叠的圆柱结构，也被称作叶绿体基粒。对于这样一种结构上的选择，传统观点集中于从焓作用的角度对其进行解释，多认为是范德瓦耳斯力、静电排斥或水合作用等相互作用产生的结果。近年来，越来越多的实验、模拟和理论研究发现熵效应在其中扮演了至关重要的角色，表明叶绿体基质内类囊体之间的压缩、堆叠是由体系内整体熵增加的热力学趋势所驱动的。利用等温滴定量热法 (isothermal titration calorimetry)，对类囊体堆叠过程的焓变进行测量，发现焓变 ΔH 平均仅为 $(-0.20 \pm 0.51)\text{kJ/mol}$，证明焓的影响很小 [11]，因此体系的熵必定需要增大，才能保证压缩堆叠过程能够自发进行。熵的增加显著地推动了类囊体膜在生物结构中的堆叠行为，而关于熵增的产生原因，主要有以下三种可能的机制 (图 8.6)：第一，堆叠造成类囊体膜的接触和融合，这使得膜之间原本存储的平衡离子得以释放，并以单个离子的形式在体系中自由扩散，从而获得熵；第二，松散结合的水分子从膜间间隙被释放到本体介质中，造成熵的增大；第三，在未堆叠的体系中，负离子或正离子会在表面形成局部电场，局部电场的强度足以限制水偶极子进行定向排列，堆叠过程则能够大大削弱局部电场，使水分子获得更大的自由度。同时，类囊体的压缩和堆叠能减少相互之间的排空体积，为其余分子、离子在叶绿体基质中的扩散提供了更大的自由体积，导致整体上熵的增加 [12]。

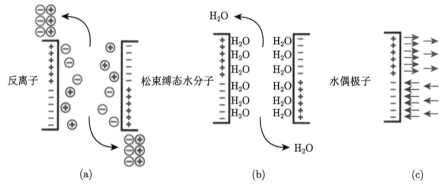

图 8.6 类囊体堆叠过程中熵增加的三种机制：(a) 释放平衡离子；(b) 释放水分子；(c) 削弱局部电场 [12]

对于病毒而言，从宿主细胞中出芽是其复制周期中必不可少的一步。这样一个看似简单的过程事实上十分复杂，出芽过程的顺利进行需要细胞膜发生有组织的变形，膜上局部区域的曲率必然会出现较大波动，且涉及的影响因素极多。生物体中这样类似的过程还包括胞质分裂、胞吞胞吐等，它们保证了生物体生长、更新、繁殖等众多生命活动的平稳正常运行。

近年来的研究表明，某些特殊蛋白质的存在及其含量大小、构象形态均会对细胞膜的曲率变化产生重要影响 [13]。例如图 8.7 所示，多功能蛋白 Matrix 2(M2) 会对膜的弯曲产生明显的诱导作用，有助于甲型流感病毒的出芽、分离过程，促进其更快地从细胞中释放出来，这对甲型流感病毒复制过程来说有重要意义 [14,15]。实验表明，在介导膜的分离和病毒粒子释放的过程中，M2 蛋白倾向于聚集在出芽体的颈部位置，引导出芽位置处膜负高斯曲率 (出芽过程的必要条件) 的产生。同时我们还发现，M2 蛋白中尾部的两亲性螺旋结构对于膜负高斯曲率的产生是充分且必要的，如果减弱这部分螺旋结构的疏水性，则会使得负高斯曲率的产生变得困难，从而抑制流感病毒的出芽和释放过程。研究结果充分证明了蛋白质组成结构的改变会对其构象熵产生巨大影响，通过调控蛋白质的构象熵来抑制病毒复制的过程也许能够成为设计新型抗病毒药物的一种可行策略。

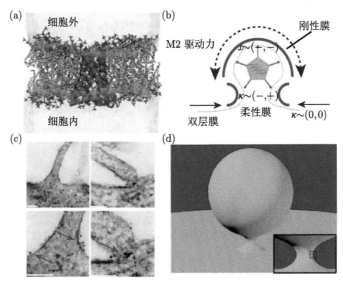

图 8.7　M2 蛋白在病毒出芽过程中表现出的熵效应 [14,15]

8.4　极端条件下生命体系里的熵效应

在极端条件下，保持细胞膜的完整性、稳定性一直以来都是一个巨大的挑战，因此对于大多数的生物体而言，在极端的环境条件下保持长时间的生存几乎是一项不可能完成的任务。然而，自然界中的古细菌却能够在高盐度、高温、酸性或严重缺氧的极度恶劣环境条件下生存 [16,17]，其细胞结构不会被破坏，并且能够保持重要的细胞功能。这样一种特殊的生物体结构的产生，除了其自身具备的独特代谢过程外，熵效应在其中也起到了十分关键的作用。

科学研究发现，与真核生物不同，嗜热型古细菌的细胞膜最显著的特征之一是它们由双极性的磷脂所构成。也就是说，与真核细胞的单极性磷脂双分子层相反，构成古细菌细胞膜的脂质体包含两个极性的头部基团，原本独立的脂尾基团通过共价键相互连接，最终形成单层膜结构 (图 8.8(a))。随着环境温度的升高，细胞膜中这种栓系脂质体的含量增大，能够更好地调节细胞膜的柔韧性和流动性。

进一步的研究表明，栓系结构降低了脂质体的扭转熵，脂质体从而形成更为紧密的堆积排列结构。这使得膜的渗透成为一个熵调控的过程，有助于限制高温下小分子、离子及磷脂分子跨膜的输运行为[18]。古细菌所具有的特殊的双层脂质体栓系结构增大了体系的自由能壁垒，与未栓系的脂质相比，反应的活化焓虽然减小，但活化熵的损失程度更大 (图 8.8(b))，整体增大了体系活化的吉布斯自由能，从而加强了细胞膜在极端条件下保持完整的能力，这也是嗜热型古细菌在环境温度 90℃ 的条件下也能够存活的重要原因。

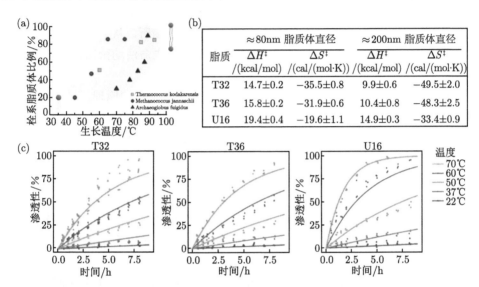

图 8.8 熵效应对于古细菌结构的影响：(a) 栓系脂质体含量与温度的相关性；(b) 活化焓与活化熵计算；(c) 膜渗透性的差异[18]

古细菌膜结构的研究结果证实了熵在调控生物膜通透性中扮演了至关重要的角色。通过对体系内熵的调控，赋予体系一个较大的活化熵，能够对细胞膜的稳定性产生巨大影响，脂质栓系便是实现这一目标的一种非常有效的调控策略。除此之外，熵效应还可能对膜的黏度、脂质的柔顺性以及脂质或其他分子的扩散行为产生相应影响，对这些现象和问题的进一步研究将有助于我们理解生命现象背后的物理机制，进而为设计开发新型的生物医用材料提供坚实的理论基础。

8.5 熵与生命体系里的相分离

相分离 (phase separation) 源自物理学上提出的一个概念，指的是在外界环境改变时，物质的状态将随之发生改变，而物质在不同的 "相" 之间发生变化的过程便称为相变。近年来，科学家们发现生物体细胞内也存在相分离的现象，是生物大分子在细胞内聚集的一种特殊状态，并且对细胞的生命活动有重要影响。细胞内发生的相分离现象具有多项功能与贡献：相分离能够帮助生物体细胞感知周围环境产生的变化 (温度、pH 等的变化)，并对此做出快速的响应；可以用于调节部分蛋白质在细胞内的浓度，将高浓度的蛋白质储存起来，在细胞需要时再将其释放到环境之中；对于某些具有催化功能的蛋白质，相分离既能将其与反应底物分隔开来，从而抑制细胞内部分生化反应的进行，也能够引导其发生聚集，提高局部浓度，使一些生化反应得到激活；此外，相分离造成的某些特殊结构也可能对细胞的形态产生影响，例如介导一些孔状结构的产生等 [19]。总体而言，细胞内的分子通过相分离为各种生命反应过程提供稳定的场所，从而维持生物体各种生理活动的正常进行，相分离机制与很多重要的基础生命活动密切相关，因此具有重要的科学研究价值。

最近的研究表明，基于多价大分子相互作用驱动组织的原理，液–液相分离 (liquid-liquid phase separation, LLPS) 对于生物分子的结构组织而言具有非常重要的意义 [20]。利用这个物理框架，可以解释生物学中许多重要结构的构成、组装过程、细胞功能以及物理特性的实现是如何被控制的。例如，有研究者从分子热力学的角度概述了生物体系中液–液相分离的行为，并重点介绍了液–液相分离在无膜细胞器组装过程中所起到的作用 [21]。根据热力学公式 $\Delta G = -T\Delta S + \Delta H$，当 $\Delta S < 0$ 且 $\Delta H > 0$ 时，不会发生相分离，系统在所有情况下都将保持混合状态；相反，如果 $\Delta S > 0$ 且 $\Delta H < 0$，均相混合物始终呈不稳定状态，系统最终会发生分相或分层。

对于 $\Delta S < 0$ 和 $\Delta H < 0$ 的情况，由于混合会导致微观状态的数量减少，此时 $-T\Delta S$ 作为系统的熵损失与温度成正比，从而得到具有上临界共溶温度 (upper critical solution temperature，UCST) 的二元混合物相图 (图 8.9(a))。在生物体系中，人们在体内和体外研究中均发现了具有 UCST 的例子，例如 RNA 结合蛋白 FUS[22]、无序结构的胚质 (nuage) 蛋白 [23] 和脂质双层中 [24] 所呈现出的低复杂性结构域，以及核仁原纤维蛋白的组装过程 [25]。如果分散相比混合物更无序，则会出现另一种不常见的情况，产生正的混合熵。这种混合会使得相图出现高温下 UCST 和低温下下临界共溶温度 (lower critical solution temperature，LCST) 共存的特征 (图 8.9(b))。实验中，研究者们已经证实纺锤体相关蛋白 BuGZ 在体外会展现出这种相行为 [26]。在接近纯溶剂气液临界点的聚合物溶液中，可以找到另一种类型的混合诱导有序现象，其中聚合物链的可行构型数目会随着溶剂中的临界波动而减少，从而导致负熵混合。尽管在生物体系中并不常见，但这会造成相图出现如图 8.9(c) 和 (d) 所示的情况，具体取决于溶剂的临界温度和低温混合区域之间的差异。

磷脂柔韧性的改变会对膜的整体力学性能产生影响。全原子模拟和粗粒化模

拟的研究结果表明，M2 蛋白在不同柔韧性的磷脂组成的膜上会表现出不一样的
分散和聚集行为，而熵则是 M2 蛋白在膜上产生聚集行为差异的主要驱动力 (图
8.10(a))[27]。在仅由柔性磷脂构成的平整无张力膜中，M2 蛋白以正常扩散的形式
运动。若逐渐提高 M2 蛋白浓度，扩散形式变为亚扩散状态，但不会发生聚集，甚
至蛋白质与蛋白质之间有所 "排斥"。而在仅由刚性磷脂构成的细胞膜中，M2 蛋
白则会主动地发生聚集，形成团簇结构。由于在模拟中蛋白质之间不存在相互的
吸引力，因此，蛋白质聚集行为中脂质双层膜的作用源自熵机制。

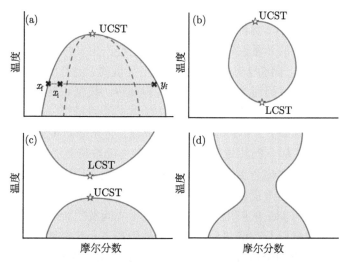

图 8.9　熵介导的生物学中液–液相分离的典型相图 [21]

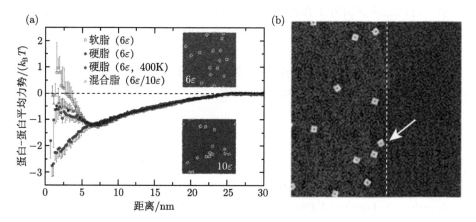

图 8.10　熵驱动 M2 蛋白在膜上独特的分散与聚集行为 [27]

在由具有不同柔韧性的磷脂混合构成的细胞膜中，柔性磷脂和刚性磷脂在膜
上会发生一定程度的相分离，局部区域分别形成液体无序 (liquid-disordered，Ld)

相和液体有序 (liquid-ordered，Lo) 相。在两种磷脂各占 50% 的膜中，模拟结果显示，M2 蛋白完全被排除在液体有序相之外，而在液体无序相中自由扩散 (图 8.10(b))。造成这个分散机制的最主要原因是熵损耗——组成液体有序相的磷脂的刚性很强，无法有效地包裹在 M2 蛋白的周围，M2 蛋白的插入容易产生堆积缺陷，因此被液体有序相所排斥，选择分散到液体无序相之中。这个模拟结果与之前实验中观察到的 M2 蛋白在病毒粒子的出芽过程中倾向于聚集在芽体颈部的现象也非常吻合。类似的现象在香豆素 152(C152) 插入细胞膜的过程中也有发生 [28]：对于液晶相，C152 插入、分割双层膜是一个放热但是熵不利的过程；对于凝胶相 (无定形区域)，这样的插入过程是吸热但是熵有利的过程。

细胞膜具有高度的异质性，通过相分离，膜上会产生多样的动态结构域 (membrane domain)，这对于细胞功能的实现来说至关重要。但是由于体积小且结构复杂，因此几乎无法通过显微实验技术对其进行观察。模拟和理论研究在此方面开展了许多细节性探究，通过建立细胞膜与结构域的模拟模型，从最简单但具备生物膜特性的模型开始研究，再逐步增大其复杂性。有充分的实验及模拟结果表明，胆固醇分子能够促进膜上结构域的聚集形成，并协助维持其稳定的状态 [29,30]，而胆固醇分子的对称性变化会影响域结构的稳定性，根本原因就是胆固醇分子结构的变化造成了构象熵的改变，其周围包裹的脂质分子的有序性和堆积状态也同时发生改变，甚至有可能造成膜上 Lo 相与 Ld 相之间发生转变。脂质分子链上是否存在不饱和的双键以及双键与分子链末端的距离大小也能够作为调控膜上结构域的形成以及膜上下两个单分子层之间耦合强度的决定因素 [31]，因为不饱和双键的存在及其所处位置会直接影响脂质分子链的柔顺性、形态结构等相关内在物理性质，进而造成脂质分子在膜上堆积有序性的巨大差异，而这些均与分子的构象熵、旋转熵和形状熵休戚相关。此外，体系中熵和焓的变化特性与磷脂的长度、分子构筑、每个磷脂所占的面积也有着一定的关联。例如，在相变温度之上，通过统计计算发现，ΔH 与 ΔS 会随着磷脂链长的增长而逐渐降低，但相关研究结果仍较为初步，尚需开展进一步的深入探索。

参 考 文 献

[1] Schrödinger E. What is Life?: The Physical Aspect of the Living Cell. Cambridge: Cambridge University Press, 1945.

[2] Carruthers A. Facilitated diffusion of glucose. Physiol. Rev., 1990, 70(4): 1135-1176.

[3] Dreyer I, Uozumi N. Potassium channels in plant cells. FEBS J., 2011, 278(4): 4293-4303.

[4] Saladin K S, Miller L. Anatomy and physiology: the unity of form and function. New York: McGraw-Hill, 1998.

[5] Åqvist J, Kazemi M, Isaksen G V, et al. Entropy and enzyme catalysis. Acc. Chem. Res., 2017, 50(2): 199-207.

[6] Jencks W P. Binding energy, specificity, and enzymic catalysis: the Circe effect. Adv. Enzymol. Relat. Areas Mol. Biol., 1975, 43: 219-410.

[7] Kazemi M, Himo F, Åqvist J. Enzyme catalysis by entropy without Circe effect. Proc. Natl. Acad. Sci. USA, 2016, 113(9): 2406-2411.

[8] Bigman L S, Levy Y. Entropic contributions to protein stability. Isr. J. Chem., 2020, 60(7): 1-9.

[9] Harano Y, Kinoshita M. Large gain in translational entropy of water is a major driving force in protein folding. Chem. Phys. Lett., 2004, 399(4-6): 342-348.

[10] Harano Y, Kinoshita M. Translational-entropy gain of solvent upon protein folding. Biophys. J., 2005, 89(4): 2701-2710.

[11] Jia H S, Liggins J R, Chow W S. Entropy and biological systems: experimentally-investigated entropy-driven stacking of plant photosynthetic membranes. Sci. Rep., 2014, 4: 4142.

[12] Kim E H, Chow W S, Horton P, et al. Entropy-assisted stacking of thylakoid membranes. Biochim. Biophys. Acta Bioenerg., 2005, 1708(2): 187-195.

[13] Schmidt N W, Mishra A, Wang J, et al. Influenza virus A M2 protein generates negative Gaussian membrane curvature necessary for budding and scission. J. Am. Chem. Soc., 2013, 135(37): 13710-13719.

[14] Rossman J S, Jing X H, Leser G P, et al. Influenza virus M2 protein mediates ESCRT-independent membrane scission. Cell, 2010, 142(6): 902-913.

[15] Schnell J R, Chou J J. Structure and mechanism of the M2 proton channel of influenza A virus. Nature, 2008, 451(7178): 591-595.

[16] Valentine D L. Adaptations to energy stress dictate the ecology and evolution of the Archaea. Nat. Rev. Microbiol. 2007, 5(4): 316-323.

[17] Rothschild L J, Mancinelli R L. Life in extreme environments. Nature, 2001, 409(6823): 1092-1101.

[18] Kim Y H, Leriche G, Diraviyam K, et al. Entropic effects enable life at extreme temperatures. Sci. Adv., 2019, 5(5): eaaw4783.

[19] Alberti S, Gladfelter A, Mittag T. Considerations and challenges in studying liquid-liquid phase separation and biomolecular condensates. Cell, 2019, 176(3): 419-434.

[20] Hyman A A, Weber C A, Juelicher F. Liquid-Liquid phase separation in biology. Annu. Rev. Cell Dev. Biol., 2014, 30: 39-58.

[21] Falahati H, Haji-Akbari A. Thermodynamically driven assemblies and liquid-liquid phase separations in biology. Soft Matter, 2019, 15(6): 1135-1154.

[22] Burke K A, Janke A M, Rhine C L, et al. Residue-by-residue view of in vitro FUS granules that bind the C-terminal domain of RNA polymerase II. Mol. Cell, 2015, 60(2): 231-241.

[23] Nott T J, Petsalaki E, Farber P, et al. Phase transition of a disordered nuage protein

generates environmentally responsive membraneless organelles. Mol. Cell, 2015, 57(5): 936-947.

[24]   Sear R P, Cuesta J A. Instabilities in complex mixtures with a large number of components. Phys. Rev. Lett., 2003, 91(24): 245701.

[25]   Falahati H, Wieschaus E. Independent active and thermodynamic processes govern the nucleolus assembly in vivo. Proc. Natl. Acad. Sci. USA, 2017, 114(6): 1335-1340.

[26]   Jiang H, Wang S S, Huang Y J, et al. Phase transition of spindle-associated protein regulate spindle apparatus assembly. Cell, 2015, 163(1): 108-122.

[27]   Madsen J J, Grime J M A, Rossman J S, et al. Entropic forces drive clustering and spatial localization of influenza A M2 during viral budding. Proc. Natl. Acad. Sci. USA, 2018, 115: 8595-8603.

[28]   Gobrogge C A, Blanchard H S, Walker R A. Temperature-dependent partitioning of coumarin 152 in phosphatidylcholine lipid bilayers. J. Phys. Chem. B, 2017, 121(16): 4061-4070.

[29]   Javanainen M, Martinez-Seara H, Vattulainen I. Nanoscale membrane domain formation driven by cholesterol. Sci. Rep., 2017, 7: 1-10.

[30]   Thallmair S, Ingólfsson H I, Marrink S J. Cholesterol flip-flop impacts domain registration in plasma membrane models. J. Phys. Chem. Lett., 2018, 9(18): 5527-5533.

[31]   Zhang S Y, Lin X B. Lipid acyl chain cis double bond position modulates membrane domain registration/anti-registration. J. Am. Chem. Soc., 2019, 141(40): 15884-15890.

第 9 章 非平衡体系中的熵效应

本章简要阐述软物质体系处于非平衡态时的典型熵效应。首先介绍了非平衡体系与熵的关系；在此基础上，介绍了信息熵在非平衡体系结构表征中的应用；最后举例说明了最小熵产生原理在非平衡结构自组织中的潜在作用。

9.1 非平衡态与熵流

经典热力学将研究对象从周围环境中隔离出来，以孤立体系为核心，用状态函数来研究它的变化。这种简化是高明的，使其可以更抽象、更简单地研究过程。经典热力学的理论和规律只适用于处于平衡态的孤立体系或封闭体系，而自然界中普遍存在的是非平衡态的开放体系。非平衡、非线性现象是自然界中广泛存在的现象，平衡和线性只是其特例[1]。到 20 世纪，对线性现象的研究已经相当完备，而对非平衡、非线性现象的研究才开始；特别是 20 世纪后半叶以来，对非平衡、非线性现象的研究取得了很多重大的成果。直至今天，对非平衡现象的研究已成为科学研究的主流方向之一[2-4]。

如果系统处于非平衡状态，那么系统中像温度、压强、密度 (或浓度) 等强度量将是不均匀的；而像能量、熵、粒子数等广延量将会产生流动。如果偏离平衡态不远，换句话说，处于近平衡态区域，就可以将系统分为许多小的体元，在体元局部空间内可认为实现了平衡状态。这些体元从宏观尺度来看是很小的，但从微观角度来看却包括了大量的分子或原子。这就是局域平衡的假设，构成了唯象热力学方法用来处理非平衡态问题的基础[5]。特别的，对于非平衡体系中的熵来说：一方面，随着热量的流动应存在熵流；另外，在不可逆过程进行之中，各个体元内有熵产生。这样，整个体系的熵变就可以表示为

$$dS = d_e S + d_i S \tag{9.1}$$

其中，$d_e S$ 是体系和环境之间进行物质和能量交换所产生的熵变，其值可正、可负或为零；$d_i S$ 是体系内部发生不可逆过程所产生的熵变，其值可正或为零。由上式可知，只要给体系以足够的负熵，就可使

$$dS < 0 \tag{9.2}$$

由经典热力学可知，平衡态体系熵最大，对应的状态数最多，一般来说也最无序。

但是在非平衡体系中，熵流不为零。如果体系的熵不断减少，就可以使体系从无序向有序、从有序程度低向有序程度高发展。

当体系达到有序后，只要维持

$$\mathrm{d}S = 0 \tag{9.3}$$

或

$$\mathrm{d}_i S = -\mathrm{d}_e S \tag{9.4}$$

就可以使体系的有序程度保持不变，即体系达成定态，这是远离平衡体系形成有序结构的定态。如果保持体系的熵继续减少，即

$$\mathrm{d}S < 0 \tag{9.5}$$

体系将向更高有序发展。此时，体系可能呈现出新的有序结构，普里高津称之为耗散结构。科学家已经发现了许多远离平衡的体系产生耗散结构的实例。例如，物理领域的激光，化学领域的化学钟——自催化化学反应体系物质浓度分布随时间周期变化的化学振荡，宏观流体中的 Benard 图形等。

近年来，在软凝聚态物理和统计物理框架下发展起来一类新型的非平衡体系，即活性物质 (active matter)[2,6]，比如海底世界中成片的鱼群、天空中自由翱翔的鸟群以及微观世界里的细菌群落等 (图 9.1)。若用物理模型去研究这些体系，就会发现这些现象中可能蕴含着非常丰富的非平衡物理性质。同时，随着软物质物理

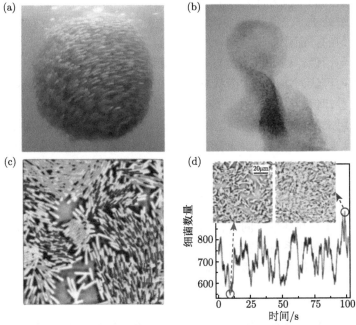

图 9.1　新型活性非平衡体系：(a) 鱼群；(b) 鸟群；(c)，(d) 菌群 [3]

的飞速发展以及物理学家对生命系统的日益关注，人们发现类似的非平衡现象和体系在自然界中广泛存在，特别是在生命现象中扮演着重要角色。构成活性物质的基本组成单元需要具备一定的自驱动能力，也就是说，这些构筑单元在某些自由度上具有更强的运动能力。这一特点直接破坏了平衡态时的能量均分定理，从而使系统处于非平衡态。

非平衡体系会自发地涌现出异常丰富的动力学现象。如何去理解这些复杂现象背后的物理机制，同时又应用这类物质体系具有的丰富而有趣的物理性质，是促使这一新兴研究方向在最近十多年来变得非常活跃的重要因素。既然非平衡状态的产生与熵变之间存在着十分密切的关联，那么，能否以熵为切入点去深入探寻和挖掘其中的物理机制呢？这虽是一个充满挑战的问题，但事实上近年来在该方面的确有了不少进展，在下面的两节中我们对此略作介绍。

9.2 信息熵与非平衡相变

9.2.1 麦克斯韦妖与信息熵

19 世纪六七十年代，在热力学第二定律成为物理学家的热门话题时，英国著名物理学家麦克斯韦 (James C. Maxwell) 提出了一个反例，即著名的物理学界"四大神兽"之一的麦克斯韦妖 (Maxwell's demon)。1871 年，麦克斯韦设想，在绝热系统不做功就能产生和维持一定温差 (这是违背热力学第二定律的) 的任务，由一个小妖精执行和完成。他写道："设想一个小妖精，其能力足以追踪每个运动中的分子 · · · · · · 做一些我们目前不能做的事情，因为我们已经注意到处于等温状态的装满空气的器皿中，分子运动的速度并不均一，虽然任取大量分子的平均速度是均一的。现在假定，将容器用一块隔板分为 A 和 B 两部分，隔板上留一个小孔，由一个可看到单个分子的小妖开关这一小孔，只令速度快的分子从 A 进入 B，令速度慢的分子从 B 进入 A，它不用做功就可使 B 的温度升高而使 A 的温度降低，这就违背了热力学第二定律。"

如何解释这一现象呢？最有说服力的是"信息论"的解释。小妖是否能抗拒热力学第二定律，其要害是它获取、存储、处理信息时，是否伴随有熵的产生。小妖要看清分子，必须另用一束光照射分子，使分子散射的光子映入小妖眼帘。这一过程涉及热量从高温热源到低温热源的不可逆过程，导致系统熵的增加。当小妖收到有关信息后，操作隔板小门使快慢分子分离，使系统熵减小。信息的取得导致系统熵增，开关小孔使熵减小，这两步的总效果是其熵还是增加的，因此并不违背热力学第二定律。而系统的"熵减"则是信息对麦克斯韦妖作用的结果。由此可知，若要不做功而使系统熵减少，就意味着必须获得信息，即吸取外界的负号的熵，这样麦克斯韦妖就将熵与信息联系起来，揭示了信息与熵之间的密切关系，为开创现代信息论做出了贡献 [7–9]。

信息的特征在于能消除事件的不确定性。用以描述事件不确定性的量，应具有这样的特点：当事件完全确定时，它应为零；事件的可能状态或结果越多，它应该越大；当可能结果数一定时，若每种结果出现的概率相等，不确定取极大值，即事件是最不确定的。设某事件的可能结果为 $x_1, x_2, \cdots, x_n$，则出现相应结果的概率为 $P_1, P_2, \cdots, P_n$，且 $\sum_{i=1}^{n} P_i = 1$，信息论引入

$$u = -\sum_{i=1}^{n} P_i \ln P_i \tag{9.6}$$

作为不确定性的度量。

1948 年，香农称与 u 成正比的

$$H(X) = H(P_1, P_2, \cdots, P_n) = -K \sum_{i=1}^{n} P_i \ln P_i \tag{9.7}$$

为信息熵，也称香农熵 [10]。熵概念的这一推广，是继统计力学熵的建立后对熵概念本质理解的又一次飞跃，从而为热力学熵的进一步泛化，也即进入信息、生物、经济、社会等领域开辟了道路。

若不确定事件可能出现的结果为 W，且相应可能结果出现的概率相等，则式 (9.7) 将变为

$$H = -K \ln P \tag{9.8}$$

或

$$H = K \ln W \tag{9.9}$$

将比例系数 K 视为玻尔兹曼常量 k_B，式 (9.9) 与热力学熵的表达式有完全相同的形式。事件的可能结果数 W 越大，每种可能结果出现的概率 P 越小，由式 (9.9) 可知，当事者在现实面前会越显得捉摸不定或无知。所以，从此意义讲，信息会导致不确定性下降，对应于系统的熵减少。

9.2.2　信息熵在非平衡相变中的应用

相变是物质系统从一种恒定性态向另一恒定性态的跃迁过程，不仅发生在平衡系统中 (如气液相变和铁磁相变等)，也可发生在非平衡系统中 (如前面提及的激光相变、Benard 对流和活性物质的非平衡态相变等)。人们对平衡相变现象的认识比较早，从 19 世纪对气液相变的研究开始，到 20 世纪 60、70 年代标度理论和重整化群理论的建立，对平衡相变及其临界性质的研究已趋成熟。然而，非平衡相变临界现象是 20 世纪 70 年代后才逐渐引起人们注意的 [11]。由于非平衡

相变更具普遍性，其广泛存在于各类物质系统中，特别是随着耗散结构理论和协同学理论的出现，人们对非平衡相变的研究迅速进入高潮。但就目前而言，非平衡态相变理论的研究还远未成熟，未能形成完整的理论体系。其中一个重要的问题便是缺乏描述非平衡相变中结构转变的合适序参数。近来的研究表明，应用信息熵可以很好地解决这一问题。

由式 (9.7) 可知，信息熵可以根据体系中微观状态 (microstate) 的概率计算。在平衡态相变中，微观状态的概率可以通过统计力学预先给出。然而非平衡态情况下却难以做到这一点，因此非平衡态情况下信息熵不可能清晰地计算出来。数学家 Kolmogorov 和 Chaitin 证明了信息熵可以由 Kolmogorov 复杂度估算，两者在大体系条件下是完全等效的。尽管如此，Kolmogorov 复杂度也不是通常意义上可计算的量，因此并不能应用于一般的物理体系。为了解决这个问题，近来科学家基于信息熵定义了一个新的状态参量，即计算信息密度 (computable information density, CID)[12]

$$\text{CID} \equiv \frac{\Lambda(x)}{L} \tag{9.10}$$

这里 $\Lambda(x)$ 是一个压缩信息序列的最短编码长度，L 是该信息序列压缩之前的原始长度。这里关键是找到信息序列的无损数据压缩算法，即实现数据无损压缩的最短信息编码。根据香农提出的信源编码定理，无损压缩的最短编码便是信息熵，在大体系条件限制下可由编码算法 Lempel-Ziv 77 (LZ77) 近似得到。CID 提供了一条定量平衡和非平衡体系中结构序的有效且简易的途径。该参量在连续和离散体系中均能很好地应用。特别是对于序参量无法准确确定的非平衡态体系，CID 仍可以有效地确定体系中序的变化，进而精准地预测相变的临界点、一级和二级相变的本质，乃至于相变的临界指数等。通过 CID，还可以定量地比较一个体系的不同状态及其随时间的演变，这大大促进了对新型相结构的探寻和表征。下面我们以活性粒子体系的非平衡相变为例来较为详细地说明 CID 在非平衡相变中的具体应用 [12]。

图 9.2 给出了活性布朗粒子体系随着粒子面积分数 ϕ 变化所发生相变的 CID 表征，图中上方的插图显示了特定分数下的相结构，而下方的插图则是不同粒子面积分数下 CID 随时间的演化曲线。在较低的粒子分数下，体系处于均相的气体状态，尽管体系随着时间不停演变，但是 CID 始终维持初始的随机值不变。从下方的插图可以看出，当粒子分数达到一临界值时，即 $\phi_c \approx 0.37$，CID 保持常数直到 $t \approx 10^4$ 步，然后迅速下降，意味着更加有序状态的形成。从上方插图中可以看出，此时体系发生了明显的相分离，形成了稠密的液态相区和较为稀疏的气态相区。CID 曲线上初始的稳态与最终状态之间的不连续性表明该相变是一级相转变。该结果确认了先前报道过的密度和速度依赖的相转变，但却更加清晰地表

明该相变的存在及其本质上属于一级相变, 这与理论预测的结果完全相符。在更高的粒子密度下, CID 随时间的演变不再是单调的, 而是先上升后下降。这时由于在较高的密度下粒子首先会倾向于结晶, 但当粒子被激活后, 初始的有序结构遭到破坏, 直至最后演变成另外类型的新有序结构, 因此 CID 重新下降。可见, CID 可以非常精确地表征非平衡体系的相变过程, 同时还能揭示出传统的序参量所无法给出的相变信息。

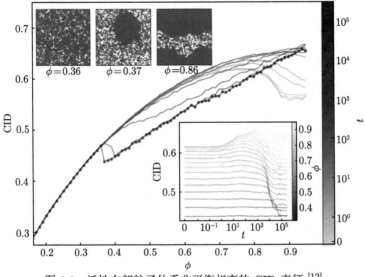

图 9.2　活性布朗粒子体系非平衡相变的 CID 表征 [12]

　　实际上, CID 所体现的有序与动态序参量所描述的还是有所区别的。在平衡体系中, 序参量反映了相变过程中出现的对称性破缺。在此种情况下, 熵的奇点表达了一系列序参量级数扩展的积分。反过来说, 序参量可以经由熵函数的微分得到。就此而言, 由信息熵揭示的序与序参量所揭示的序是紧密相关的。但是, 在非平衡体系中, 动态序参量实际上是体系是否活化的量度, 然而 CID 定量的却是体系结构的空间关联。因此 CID 可以揭示出非平衡体系中一些新的相结构或动力学行为。我们有理由相信信息熵可以在有关多体物理统计的众多领域中得到应用, 特别是无序或者玻璃态体系, 这对于揭示和理解此类体系的关联和组织来说有着非常重要的意义。

9.3　最小熵产生原理与耗散结构

9.3.1　最小熵产生原理

　　最小熵产生原理是比利时科学家普里高津于 1945 年提出来的, 经过几十年的不断完善发展，现已成为非平衡态热力学的基本理论。非平衡态热力学理论是以开放系统作为研究对象的。实际上我们经常会遇到一些这样的体系，外界的约束条件使其达不到平衡，而成为开放系统。例如，系统的两侧分别与两个温度不相等的大热库接触；导体两侧保持不同的电压；等等 [8]。

如式 (9.1) 所示，普里高津将开放系统中熵的变化分解为两项之和，其一为熵流项 d_eS/dt，其值可正、可负或为零，一般说来没有确定的符号；另外一项 d_iS/dt 表示系统内发生不可逆过程所产生的熵变，称为熵产生，用符号 P 表示。而根据经典热力学第二定律，由不可逆过程引起的熵产生项 d_iS/dt 永远是非负值，即

$$P = d_iS/dt \geqslant 0 \tag{9.11}$$

普里高津利用线性区广义流和广义力的线性关系以及 Onsager 倒易关系，经过一系列复杂推导，最后证明

$$dP/dt \leqslant 0 \tag{9.12}$$

式中等号对应定态，小于号对应偏离定态。式 (9.12) 表明，在线性非平衡区，一个开放系统内的不可逆过程总是向熵产生减小的方向进行，当熵产生减小至最小值时，系统的状态不再随时间变化。此时，系统处于与外界约束条件相适应的非平衡定态。如果系统不处于非平衡定态，其熵产生就不为最小值，但该系统将会以减小熵产生的方式进行调整，直到熵产生达到最小值，系统恢复定态为止。这个结论称为最小熵产生原理。最小熵产生原理保证了非平衡定态的稳定性。一旦系统达到非平衡定态，在没有外界的影响下，它将不会自发地离开定态。因此在非平衡系统中的熵产生为极小值就如同孤立系统中熵的极大值以及等温系统中自由能的极小值一样的 "势函数"，驱使系统朝向某种稳定的状态演变。

定态和平衡态一样也是稳定的，即系统对于干扰的响应导致干扰的削减。在近平衡区域之中，如果外界约束条件不容许系统达到平衡态，那么系统不得已而求其次，将向熵产生值为最小的定态演化。这也体现了近平衡区在恒定约束条件下热力学的时间之矢。与向平衡态演变的过程相似，在向定态的演变之中，初始的条件都被遗忘了，只有趋向的定态是明确无误的。需要指出的是，在定态，尽管它不随时间变化，但体系内部仍可存在非平衡的过程，它们是靠非平衡的外部环境维持的，因此不能把定态和平衡态混淆。事实上，平衡态只是一种特殊的定态。最小熵产生原理反映了非平衡定态的一种 "惰性行为"：当边界条件阻止体系达到平衡态时，体系将选择一种熵产生 (速度) 最小的、能量耗散 (速度) 最小的状态。而平衡态仅仅是它的一个特例，即熵产生为零或者零耗散的状态。系统进入定态后，体系可能呈现出新的稳定有序结构，普里高津称之为耗散结构 [5]。

9.3.2 耗散结构与非平衡结构组织

最小熵产生原理在体系的非平衡态自组织中扮演着极为关键的角色,是非平衡体系产生稳定结构的重要判据。事实上,非平衡体系最终稳定的结构组织一般都遵循最小熵产生原理,因此理解最小熵产生原理对于充分揭示非平衡体系的自组织有着重要的意义。但是由于非平衡态行为的复杂性,当前有关软物质体系中最小熵产生原理的具体应用还非常少。然而,对软物质体系中非平衡结构组织的研究已成为软凝聚态物理新近发展的一个重要方向 [13–16]。在这些体系所形成的耗散结构中,都隐含着最小熵产生原理的影子,虽然并没有详细地去阐述这一点。下面我们就列举一个有关软物质体系中非平衡态行为设计的例子 [16],以理解其中能量耗散过程是如何影响体系的结构组织的。

作为构筑生命体系的基本单位,细胞拥有区室化的结构,进而从外部环境中获取能量以维持相应的细胞功能。这些细胞内区室的分隔作用可以产生维持细胞在远离热力学平衡态时的功能所必需的自由能梯度,因而对于活细胞来说是不可或缺的。区室这样的细胞内亚结构的形成大多源自非平衡的动态性能。因此设计和构筑人造分区系统以模仿区室形成过程的非平衡态动力学行为已成为过去几十年来生命科学和软凝聚态物理学研究的重要前沿方向。其中一个重要的课题便是制造区室化的原始细胞以阐释生物细胞和其他形式的细胞组织的形成原理。到目前为止,原始细胞的构筑大多采用磷脂、脂肪酸、聚合物和纳米粒子等。在这种情况下,原始细胞的构筑都是在近似平衡的条件下进行的,然而生命体系都处于远离平衡态的环境中,因此,模仿细胞在非平衡状态下的分区化和动力学行为已成为亟待解决的重要科学问题。

在该研究工作中,研究人员报道了一条能够通过耗散能量来控制区室结构的活性聚合物微结构策略 [16]。正如自然界中的生命体系应用复杂代谢网络来消费食物和耗散能量以实现复杂的细胞功能,他们通过耦合聚合诱导自组装 (PISA) 和 BZ 自振荡化学反应将能量耗散过程和原始细胞动态自组装关联在了一起。如图 9.3 所示,首先合成了耦合光敏剂 $Ru(bpy)_3$ 和可逆加成断裂链转移剂 (RAFT) 的光敏性多功能聚合物 (PRAFT)。其中 $Ru(bpy)_3$ 部分能够催化 BZ 反应以产生 PISA 所需的自由基,进而引发单体发生聚合反应,并最终导致形成多区室结构的动态自组装。需要强调的是,来自于 BZ 反应的化学能耗散对于形成这种微体系的自组织结构来说至关重要,如果 BZ 反应不被激活,就不会产生这样的多区室结构。

此外,由于 $Ru(bpy)_3$ 部分独特的光敏特性,对光能的耗散亦对结构组织的形成产生了不可忽略的影响。具体而言,在光的激发下,$Ru(bpy)_3$ 会转变成具有氧化还原活性的光激发态 $[Ru^*(bpy)_3]^{2+}$,$[Ru^*(bpy)_3]^{2+}$ 则会进一步与电子受体发生反应产生氧化基态 $[Ru(bpy)_3]^{3+}$(图 9.4(a))。$[Ru(bpy)_3]^{3+}$ 较之 $Ru(bpy)_3$ 更亲水,因而 PRAFT 嵌段在光照下也变得更加亲水,这使得一些插入区室微结构中聚合物相的 $Ru(bpy)_3$ 部分被释放到水相中。结果相分离结构会重新组织,直至达到新的平衡状态 (图 9.4(b))。

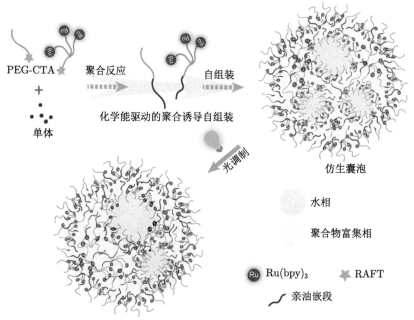

图 9.3 耗散聚合诱导自组装动态形成类原始细胞中区室的非平衡体系示意图 [16]

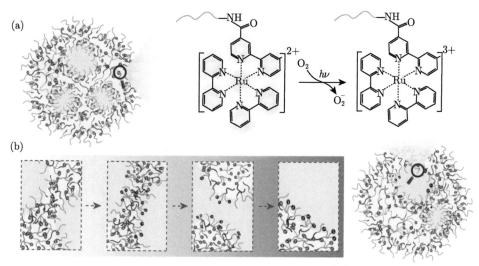

图 9.4 光照下的非平衡体系结构演化 [16]

　　该研究将构筑非平衡区室化结构与设计具有耗能行为的非平衡自组装体系结合了起来，通过人工路径实现了对天然细胞一些简单功能的有效模仿，而且与之前模仿原始细胞的平衡态模型也有本质的区别，对于理解原始细胞与周围环境进行能量交换的非平衡动力学过程来说有较为重要的意义。本质上说，这种区室化的结构就是典型的非平衡态耗散结构，是体系的热力学非平衡定态，也正是最小熵产生原理的具体体现。

参 考 文 献

[1]　李如生. 非平衡态热力学和耗散结构. 北京：清华大学出版社, 1986.

[2]　Bechinger C, di Leonardo R, Löwen H, et al. Active particles in complex and crowded environments. Rev. Mod. Phys., 2016, 88(4): 45006.

[3]　谭鹏, 徐磊. 一些典型的软物质物理中的非平衡自组织现象. 物理, 2012, 41(1): 20-24.

[4]　Huang Z H, Chen P Y, Zhu G L, et al. Bacteria-activated Janus particles driven by chemotaxis. ACS Nano, 2018, 12(7): 6725-6733.

[5]　翟玉春. 非平衡态热力学. 北京：科学出版社, 2017.

[6]　施夏清, 马余强. 活力物质的非平衡结构和动力学. 物理, 2012, 41(1): 31-38.

[7]　张继国, Singh V P. 信息熵——理论与应用. 北京：中国水利水电出版社, 2012.

[8]　冯端, 冯少彤. 溯源探幽: 熵的世界. 北京：科学出版社, 2005.

[9]　冯尚友. 熵的微观解释与信息. 水利电力科技, 1995, 22(1): 5-11.

[10]　Shannon C E. A mathematical theory of communication. Bell Syst. Tech. J., 1948, 27(3): 379-443.

[11]　李如生. 平衡和非平衡统计力学. 北京：清华大学出版社, 1995.

[12]　Martiniani S, Chaikin P M, Levine D. Quantifying hidden order out of equilibrium. Phys. Rev. X, 2019, 9: 011031.

[13]　He X M, Aizenberg M, Kuksenok O, et al. Synthetic homeostatic materials with chemo-mechano-chemical self-regulation. Nature, 2012, 487(7406): 214-218.

[14]　Ai B Q, He Y F, Zhong W R. Entropic ratchet transport of interacting active Brownian particles. J. Chem. Phys., 2014, 141(19): 194111.

[15]　Chen P, Xu Z Y, Zhug G, et al. Cellular uptake of active particles. Phys. Rev. Lett., 2020, 124: 198102.

[16]　Cheng G, Perez-Mercader J. Dissipative self-assembly of dynamic multicompartmentalized microsystems with light-responsive behaviors. Chem., 2020, 6(5): 1160-1171.

索　引